全国渔业船员培训统编教材

农业部渔业渔政管理局　组编

船 舶 管 理

（海洋渔业船舶一级、二级驾驶人员适用）

姚智慧　朱宝颖　主编

中国农业出版社

图书在版编目（CIP）数据

船舶管理：海洋渔业船舶一级、二级驾驶人员适用/
姚智慧，朱宝颖主编 . —北京：中国农业出版社，2017.1（2021.3 重印）
全国渔业船员培训统编教材
ISBN 978-7-109-22601-2

Ⅰ. ①船⋯　Ⅱ. ①姚⋯②朱⋯　Ⅲ. ①船舶管理—技
术培训—教材　Ⅳ. ①U692

中国版本图书馆 CIP 数据核字（2017）第 008011 号

中国农业出版社出版
（北京市朝阳区麦子店街 18 号楼）
（邮政编码 100125）
责任编辑　郑　珂　黄向阳
文字编辑　王玉水

北京万友印刷有限公司印刷　新华书店北京发行所发行
2017 年 3 月第 1 版　2021 年 3 月北京第 2 次印刷

开本：700mm×1000mm 1/16　印张：6.75
字数：100 千字
定价：38.00 元

全国渔业船员培训统编教材
编辑委员会

船舶管理

（海洋渔业船舶一级、二级驾驶人员适用）

编写委员会

主　编　姚智慧　朱宝颖

副主编　许志远

编　者　姚智慧　朱宝颖　许志远

　　　　孙　康

丛书序

安全生产事关人民福祉，事关经济社会发展大局。近年来，我国渔业经济持续较快发展，渔业安全形势总体稳定，为保障国家粮食安全、促进农渔民增收和经济社会发展作出了重要贡献。"十三五"是我国全面建成小康社会的关键时期，也是渔业实现转型升级的重要时期，随着渔业供给侧结构性改革的深入推进，对渔业生产安全工作提出新的要求。

高素质的渔业船员队伍是实现渔业安全生产和渔业经济持续健康发展的重要基础。但当前我国渔民安全生产意识薄弱、技能不足等一些影响和制约渔业安全生产的问题仍然突出，涉外渔业突发事件时有发生，渔业安全生产形势依然严峻。为加强渔业船员管理，维护渔业船员合法权益，保障渔民生命财产安全，推动《中华人民共和国渔业船员管理办法》实施，农业部渔业渔政管理局调集相关省渔港监督管理部门、涉渔高等院校、渔业船员培训机构等各方力量，组织编写了这套"全国渔业船员培训统编教材"系列丛书。

这套教材以农业部渔业船员考试大纲最新要求为基础，同时兼顾渔业船员实际情况，突出需求导向和问题导向，适当调整编写内容，可满足不同文化层次、不同职务船员的差异化需求。围绕理论考试和实操评估分别编制纸质教材和音像教材，注重实操，突出实效。教材图文并茂，直观易懂，辅以小贴士、读一读等延伸阅读，真正做到了让渔民"看得懂、记得住、用得上"。在考试大纲之外增加一册《渔业船舶水上安全事故案例选编》，以真实事故调查报告为基础进行编写，加以评论分析，以进行警示教育，增强学习者的安全意识、守法意识。

相信这套系列丛书的出版将为提高渔民科学文化素质、安全意识和技能以及渔业安全生产水平，起到积极的促进作用。

谨此，对系列丛书的顺利出版表示衷心的祝贺！

农业部副部长

2017 年 1 月

前　言

　　《中华人民共和国渔业船员管理办法》（农业部令 2014 年第 4 号）已于 2015 年 1 月 1 日起实施，根据《农业部办公厅关于印发渔业船员考试大纲的通知》（农办渔〔2014〕54 号）中关于渔业船员理论考试和实操评估的要求，为了保障水上交通安全、保护海洋环境以及渔业生产作业安全，更好地帮助、指导渔业船员考试培训和进一步提高渔业船员业务水平，在农业部的领导下，辽宁渔港监督局组织编写了《船舶管理（海洋渔业船舶一级、二级驾驶人员适用）》一书。

　　本书适用于一、二级渔业船舶（船长 24m 以上）的渔业船员证书考试培训。本书内容覆盖了农业部最新渔业船员考试大纲所要求的全部内容，兼顾课程体系的系统性和完整性，注重理论和渔业生产实践相结合，反映了目前渔业船舶与渔业船员管理的最新知识和信息。本书也可作为渔业船舶从业人员的业务参考书。

　　本书共分五章：第一章渔业船员职责与渔船安全生产管理，主要介绍渔业船员的职责和有关渔船安全生产管理的规章、制度和安全操作规程；第二章渔业管理法律法规，主要介绍我国关于渔业资源保护、船舶管理、船员管理、海洋环境保护的法律法规；第三章渔业资源保护制度，主要介绍我国休渔期制度、海洋捕捞准用渔具和过渡渔具制度、水产种质资源保护区管理制度；第四章周边渔业协定，主要介绍我国与日本、韩国、越南签订的渔业协定的有关内容；第五章船舶应急，主要介绍船舶应急部署、船舶应急演习、船舶应急行动等船舶应急知识。

　　本书第一章、第二章由姚智慧编写；第三章、第五章由孙康编写；第四章由许志远编写；全书由朱宝颖统稿。

　　由于编者经历及水平有限，本书在内容上很难覆盖全国各地渔业

船员的实际情况，不足之处和差错在所难免，竭诚希望专家、同仁和读者多提宝贵意见和建议，以便修订再版时改正。

本书的编写和出版得到了农业部、大连海洋大学、大连海洋学校、相关渔业企业以及中国农业出版社等单位的关心和大力支持，在此深表感谢！

编　者

2017年1月

目 录

第一章 渔业船员职责与渔船安全生产管理

本章要点：重点学习渔业船员的职责，旨在明确各自工作职责；掌握渔业船舶在生产作业过程中的安全生产管理规定，最大限度地保障海上人命和财产的安全，从而促进海洋渔业生产健康稳定的发展。

第一节　渔业船员职责

渔业船舶的航行与作业必须通过船员来实现，渔船的安全状况和经济效益，与船员的职业素质和工作效能密切相关。按工作性质形成船员组织，明确各部门和船员的职责，能够有序高效地发挥船员的作用，使海上人命财产安全、海洋环境保护和经济效益得到保证。

一、船长的职责与权力

1. 船长的职责

船长是渔业安全生产的直接责任人，在组织开展渔业生产、保障水上人命财产安全、防治渔业船舶污染水域和处置突发事件方面，具有独立决定权，并履行以下职责：

①确保渔业船舶和船员携带符合法定要求的证书、文书以及有关航行资料。

②确保渔业船舶和船员在开航时处于适航、适任状态，保证渔业船舶符合最低配员标准，保证渔业船舶的正常值班。

③服从渔政渔港监督管理机构依据职责对渔港水域交通安全和渔业生产秩序的管理，执行有关水上交通安全、渔业资源养护和防治船舶污染等规定。

④确保渔业船舶依法进行渔业生产，正确合法使用渔具渔法，在船人员遵守相关资源养护法律法规，按规定填写渔捞日志，并按规定开启和使用安全通信导航设备。

⑤在渔业船员证书内如实记载渔业船员的服务资历和任职表现。

⑥按规定申请办理渔业船舶进出港签证手续。

⑦发生水上安全交通事故、污染事故、涉外事件、公海登临和港口国检查时，应当立即向渔政渔港监督管理机构报告，并在规定的时间内提交书面报告。

⑧全力保障在船人员安全，发生水上安全事故危及船上人员或财产安全时，应当组织船员尽力施救。

⑨弃船时，船长应当最后离船，并尽力抢救渔捞日志、轮机日志、油类记录簿等文件和物品。

⑩在不严重危及自身船舶和人员安全的情况下，尽力履行水上救助义务。

2. 船长的权力

①当渔业船舶不具备安全航行条件时，拒绝开航或者续航。

②对渔业船舶所有人或经营人下达的违法指令，或者可能危及船员、财产或船舶安全，以及造成渔业资源破坏和水域环境污染的指令，可以拒绝执行。

③当渔业船舶遇险并严重危及船上人员的生命安全时，决定船上人员撤离渔业船舶。

④在渔业船舶的沉没、毁灭不可避免的情况下，报经渔业船舶所有人或经营人同意后弃船，紧急情况除外。

⑤责令不称职的船员离岗。

二、渔业船员的职责

1. 渔业船员的基本职责

①携带有效的渔业船员证书。

②遵守法律法规和安全生产管理规定，遵守渔业生产作业及防治船舶污染操作规程。

③执行渔业船舶上的管理制度、值班规定。

④服从船长及上级职务船员在其职权范围内发布的命令。

⑤参加渔业船舶应急训练、演习，落实各项应急预防措施。

⑥及时报告发现的险情、事故或者影响航行、作业安全的情况。

⑦在不严重危及自身安全的情况下，尽力救助遇险人员。

⑧不得利用渔业船舶私载、超载人员和货物，不得携带违禁物品。

⑨不得在生产航次中辞职或者擅自离职。

2. 船员在船舶航行、作业、锚泊时的值班职责

①熟悉并掌握船舶的航行与作业环境、航行与导航设施设备的配备和使用、船舶的操控性能、本船及邻近船舶使用的渔具特性，随时核查船舶的航向、船位、船速及作业状态。

②按照有关的船舶避碰规则以及航行、作业环境要求保持值班瞭望，并及时采取预防船舶碰撞和污染的相应措施。

③如实填写有关船舶法定文书。

④在确保航行与作业安全的前提下交接班。

第二节　渔船安全生产管理

加强海洋渔业船舶的安全生产管理是为了防止和减少海洋渔业事故的发生。渔船安全生产管理包括船舶消防管理、驾驶台规则、靠离泊作业规定、起落与调整吊杆安全操作规程等。海洋渔业船舶在生产作业过程中应严格遵守安全生产管理规定。

一、船舶消防管理

①船长必须定期组织船员进行消防知识的教育，贯彻"预防为主、防消结合"的方针。

②按规定配备消防器材，在指定位置存放并按期更换，确定专人负责使用、维护和保养。

③船舶严禁随意使用电热器具。必须使用的，需经消防监督部门或公司批准，在指定处所安放，并由专人负责管理使用。

④不得随意接拉电源线，电线电缆破旧或受损应及时修复或更换，防止因漏电而引发火灾。

⑤驾驶室和房间顶部、厨房烟囱和主机烟囱附近不得存放易燃物品。

⑥在船上吸烟要遵守下列规定：

a. 禁止吸烟场所严禁吸烟，这些场所包括：机舱、各种库房等。

b. 准许吸烟场所应设置不易燃的烟灰缸，不准乱扔烟头，烟灰缸应适当固定、加入适量的水且及时清理，不得放置杂物，不许卧床吸烟。

c. 所有船舶在坞修期间一律禁止在船上吸烟。

⑦机舱供油系统必须保证完好，高温管不得外露，并及时清除可燃杂物。

⑧任何人发现船舶火情，必须立即报警，并迅速进行扑救。

⑨在火灾警报发出后，全体船员应马上到达指定地点，机舱应在最短时间内启动消防泵。

⑩船长在指挥扑救火灾时，要采取正确有效的施救措施，避免不应有的人员伤亡。

⑪船舶在港内发生火灾，要及时向消防队或港务监督部门报警。在消防队未到达前应积极自救。若火势可能波及码头安全，在抢救的同时，船舶应迅速离开码头。为防止船舶沉没在码头或航道上，如可能应尽早移泊至锚地。

⑫船舶在海上发生火灾，自救难以实现，应及时发出求救信号报警求援，一旦船舶无法保住，船长应采取果断措施指挥船员弃船。

⑬所有船舶在加油期间一律禁止明火。

二、明火作业安全规定

①船舶明火作业系指在船舶上进行电焊、气焊、喷灯或其他有明火的作业。明火作业应避免在施工时由于操作失误，造成火灾、爆炸等重大事故和人员伤亡。

②船舶明火作业，在洋航行和作业由船副或轮机长提出申请，报船长审批；在港口锚地应事先报经港口主管部门批准；在港内（码头）停泊，油舱（柜）明火作业需提供测爆合格有效证明；厂修时需获得厂方消防部门认可；船舶明火作业不论由谁进行施工，其申请手续必须由船方办理。

③明火作业人员必须经过培训，持有合格操作证书，至少指定一名作业监督员负责监督和防护。

④作业前应清理作业现场，移去易燃易爆物品，除去油渍、油漆、棉纱，保证通风良好，确认作业区下方无电缆通过，附近无忌热仪器设备。

⑤油舱附近作业必须清除油脚和清洗油舱，彻底通风，经测爆，油气浓度必须在爆炸下限的 10% 以下时方可允许作业。

⑥必要时备好消防水带、水灭火系统，水灭火系统应处于随时可用状态。备妥消防器材。

⑦电焊作业时，应检查确认电焊机完好，电缆绝缘良好，接地可靠，焊具绝缘良好，电焊防护用品齐全并保持干燥绝缘，包括面罩、墨镜、防护服、隔热手套、绝缘鞋及脚盖、敲铲锤等。

⑧气焊作业时，应检查确认气焊设备完好，氧气瓶、乙炔瓶储气压力正常；安全截止阀、减压阀检查无漏泄；胶管无漏泄和老化；压力表指示正确；焊具开关良好，喷嘴符合要求；气焊防护用品齐全，包括墨镜、防护服、隔热手套、鞋及敲铲锤、焊药等。

⑨作业结束后，作业监督员必须认真检查现场，确认无火灾隐患后向部门长汇报。部门长应到现场检查操作质量和有无安全隐患。

三、驾驶台规则

①驾驶台是船舶航行的指挥中心，在航行和锚泊中，任何时候不得无人值班。

②船舶靠岸停泊时，必须将驾驶台门窗锁好，临时检修设备应派人照顾，未经船长批准，不许参观。

③航行时，驾驶台应保持寂静，不得紧闭全部门窗。夜间航行时，严禁有碍正常航行瞭望的灯光外露。

④在驾驶台值班时，不得擅离岗位、坐卧睡觉、闲聊、大声喧哗、嬉笑、打闹、收听广播和收看电视。

⑤不得仅穿背心、内裤进入驾驶室，不得穿拖鞋进入驾驶室。

⑥驾驶台周围不得堆放杂物、晾晒衣物。

⑦严禁将铁器和有磁场物体带进驾驶室，磁罗经附近严禁放置铁器。

⑧驾驶台内各种航海设备、航海文件、航海资料必须稳妥固定，严加保管，无关人员不得随意动用、翻阅。

⑨驾驶台内张贴的各种资料要规范醒目。

⑩值班人员要保持好驾驶台清洁卫生。

四、驾驶、轮机联系制度

1. 开航前

①船长应提前 24h（小时）将预计开航时间通知轮机长，如停港不足

24h，应在抵港后立即将预计离港时间通知轮机长；轮机长应向船长报告主要机电设备情况、燃油和炉水存量；如开航时间变更，须及时更正。

②开航前 12h，值班驾驶员应会同值班轮机员核对船钟、车钟，检查驾驶室与轮机舱、应急舵机房之间的通信，操舵装置、应急舵机系统进行核查和试验，并分别将情况记入相关日志。

③主机试车前，值班轮机员应征得值班驾驶员同意。待主机备妥后，机舱应通知值班驾驶员。

2. 航行中

①每班下班前，值班轮机员应将主机平均转数和海水温度告知值班驾驶员，值班驾驶员应回告本班平均航速和风向风力，并分别记录；每天中午，驾驶台和机舱校对时钟并互换正午报告。

②船舶进出港口，通过狭水道、浅滩、危险水域或抛锚等需备车航行时，驾驶台应提前通知机舱准备。如遇雾或暴雨等突发情况，值班轮机员接到通知后应尽快备妥主机。判断将有风暴来临时，船长应及时通知轮机长做好各种准备。

③如因等引航员、候潮、待泊等原因需短时间抛锚时，值班驾驶员应将情况及时通知值班轮机员。

④因机械故障不能执行航行命令时，轮机长应组织抢修并通知驾驶台速报船长，并将故障发生和排除时间及情况记入相关日志。停车应先征得船长同意，但若情况危急，不立即停车就会威胁主机或人身安全时，轮机长可立即停车并通知驾驶台。

⑤轮机部如换发电机、并车或暂时停电，应事先通知驾驶台。

⑥在应变情况下，值班轮机员应立即执行驾驶台发出的信号，及时提供所要求的水、汽、电等。

⑦船长和轮机长共同商定的主机各种车速，除非另有指令，值班驾驶员和值班轮机员都应严格执行。

⑧船舶在到港前，应对主机进行停、倒车试验。

3. 停泊中

①抵港后，船长应告知轮机长本船的预计动态，以便安排工作，动态如有变化应及时联系；机舱若需检修影响动车的设备，轮机长应事先将工作内容和所需时间报告船长，取得同意后方可进行。

②值班驾驶员应将装卸货情况随时通知值班轮机员，以确保安全供电。

在装卸重大件或特种危险品或使用重吊之前，应通知机舱人员检查起货机，必要时还应派人值守。

③如因装卸作业造成船舶过度倾斜，影响机舱正常工作时，轮机长应通知值班驾驶员采取有效措施予以纠正。

④对船舶压载的调整，以及可能涉及海洋污染的任何操作，驾驶和轮机部门应建立起有效的联系制度，包括书面通知和相应的记录。

⑤每次添装燃油前，轮机长应将本船的存油情况和计划添装的油舱以及各舱添装数量告知船副，以便计算稳性、水尺和调整吃水差。

4. 其他

①机舱除专用炉水柜外，需动用其他水柜内淡水时，需征得值班驾驶员同意。

②轮机人员装、驳燃油或使用单边燃油舱的燃油影响船舶正浮时，应事先征得船副同意。

③使用甲板水、电时，值班水手应通知值班机工，用完后通知值班机工关闭。

④起货机、锚机、绞缆机在使用中发现不正常情况时，应及时通知管轮和电机员修理。

⑤与甲板舱柜有连通的机件和管系，在明火作业前，轮机长必须事先与船副联系。

⑥船舶厂修时，轮机长必须将通舷外（向舷外开口）各种阀门的拆装情况事先与船副联系。船副如因调整压载水改变船舶浮态时，必须事先与轮机长或值班轮机员取得联系。

五、自动舵使用规定

①值班驾驶员根据船长指示或航道、海面、气象等条件决定是否使用自动舵，出港后是否使用自动舵由船长决定。

②进出港口，航经狭水道、分道通航区、交通繁忙区、锚地、渔区、危险航段、能见度小于 5n mile（海里）区域，以及避让、改变航向、追越时，不得使用自动舵。

③加强瞭望，需要机动操纵时，应距他船 5n mile 外即改为手操舵。手操舵时间较长时，必须有两名舵工轮换操舵。驾驶员应监督舵工操舵的正确性。

④值班驾驶员应每小时检查自动舵的运转情况，并核对陀螺罗经、磁罗经航向是否正确，督促舵工经常核查。

⑤每班至少试验手操舵一次。

六、救生艇安全操作

1. 日常保养

①救生艇由船副、管轮负责检查、维护和保养。

②对救生艇上的各项救生设备和一切属具要保持齐全和完好。充气救助艇应始终保持满充气状态。

③对起艇机、艇架的各部分及起落艇钢丝、封艇绳索和护罩等，定期进行检查维修和更换。

④在工作艇可以正常工作的情况下，一律禁止使用救生艇代替工作艇装人载货或做他用。

⑤对救生艇至少1个月要吊放一次，并由驾驶员、轮机员做短时间航行试验，以备应急使用。

⑥如需救生艇代替工作艇使用时必须按定员载人，严禁超员。

2. 起、放艇操作

①海上放艇必须经船长亲自批准，并指定1名船副、1名管轮和1名水手操艇。

②在放艇前首先检查艇底阀是否关闭，艇体、推进器及附属设备是否完好，操艇人员必须穿戴好劳保、救生护具，携带备用桨、手电筒、对讲机等。

③放艇时，船长应控制好船速，一般情况下，应采用在下风舷放艇，登艇人员不多于3人。

④将艇中间安全固定八字钢丝扣打开。

⑤将艇前后固定用的安全钢索保险销拔掉，放开闸扣，打开钢索。

⑥抬起绞艇机控制手柄，根据当时情况控制速度，救助艇放至水面后，打开滑钩保险，艇自动脱开。

⑦收艇时要特别注意固定好滑钩保险，当艇绞到甲板面时，应用手动摇柄将艇收到艇架合适位置。

⑧艇固定好后将艇底阀打开，放净水检查后关好待用。

⑨船副将放艇的原因、时间、船位及使用情况，记入《航海日志》。

七、靠离泊作业规定

①靠离泊前，船长将靠离码头的操作意图和安全措施向有关人员介绍清楚。相关人员应认真检查主机、副机、舵机、锚机、绞缆机等重要设备并保证其处于正常使用状态。

②靠离泊时，必须由船长亲自驾驶指挥。甲板操作人员应按规定穿戴整齐（救生衣、安全帽、防护手套、护具等），将伸出舷外设备收回舷内，将缆绳、碰垫、撇缆备妥。抛撇缆前应先招呼后撇，以免缆头伤人。掌握好出缆速度，以免出缆过松或过紧而造成缠摆或断缆伤人。当系缆确已挂牢缆桩，带缆人员已安全离开后，方可收绞。

③靠离码头一般情况下，应顶风（静水港）或顶流（流水港）操作。需要动车时，驾驶室要听取前后甲板操作人员的报告，控制好车速，以免断缆伤人或缠摆。

④靠离泊位系缆和解缆时，要准确执行船长命令。在船艏、船艉的操作人员动作要迅速、准确、灵活、安全。绞缆时，人与绞机间要保持一定的安全距离，切勿站在缆圈中间，以免发生危险。

⑤船舶靠妥后，缆绳必须上桩，若系于双系桩上则挽"8"字花，挽花不得少于4道，缆绳不得挽于绞缆机或锚机的非专用滚筒上。

⑥靠泊后，应根据天气情况和潮汐，适当加固缆绳和碰垫。离泊后，应将缆绳入舱或盘整好，收回碰垫。

⑦船舶靠离泊时，非操作人员一律禁止在工作现场和甲板观看。

八、高空、舷外作业规定

①高空及舷外作业应选派身体和技术条件好的船员，穿戴好劳保用具，系好安全带，并指派专人负责安全保护工作。

②作业前必须先对作业用具，如索具、滑车、座板、脚手板、保险带、绳梯等严格检查，系索必须专用。

③高空作业应注意事项：

a. 禁止一手携物，另一手扶直梯上下。

b. 工具放在工具袋（桶）内或用细绳系住。

c. 安全带与座板绳分开系固。

d. 拆装的零件安放在专用的布袋或桶内。

e. 上下运送物件禁止抛掷。

f. 高空作业下方一定范围内禁止人员通过或作业。

g. 在舱口上高空作业应先将舱口板全部盖妥。

h. 在烟囱附近作业时，要提前通知轮机和驾驶人员，防止因突然冒浓烟（吹灰）、拉汽笛而影响、惊吓作业人员。

i. 在雷达天线、发信天线附近作业，必须事先通知驾驶台值班人员，防止启动雷达和发报。

④舷外作业应注意事项：

a. 保险带和座板绳分别系固于甲板固定物上，每块座板作业人数以两人为限。

b. 事先要通知有关部门关闭舷外出水孔。

c. 舷外涂刷或铲除油漆前，应先了解港方有关防污染方面的规定。

d. 在船艏部位进行舷外作业，必须保证锚已制牢，以免发生意外。

e. 在浮具上作业时，浮具两端系缆应有专人照料，作业人员要穿好救生衣，并备有救生圈，要从绳梯上下，禁止随浮具上下。必要时应系安全带。

f. 船舶航行中，严禁进行舷外作业。

九、起落、调整吊杆安全操作

①船舶在开航前，必须将吊杆落下，进港后才可升起。进港时，如天气良好，视线清楚，船身平衡，在不妨碍船舶安全操作的情况下，经船长同意，可以提前将吊杆升起。吊杆升起后，应收紧稳索，防止摆动。在靠妥码头以前，吊杆不得伸出舷外。

②起落吊杆时，必须配备足够的作业人员，由水手长指挥操作；调整吊杆须由本船水手操作，吊杆的仰角不得小于试验负荷时的最小角度。

③起落吊杆前应注意：

a. 检查起货机运转情况。

b. 尽可能保持船无横倾。

c. 解清吊杆头与支架座的插销，千斤钢丝制动器、稳索、保险索、卸扣和滑车应保持完好，并整理清楚。

d. 指挥者讲清安全操作要点后操作人员各就各位。

④起落、调整吊杆，操作起货机时要运转缓慢、均匀，不可忽快、

忽慢。

⑤稳索、保险索应尽可能与吊杆成 90°的角度，并注意勿与吊货钢丝互相摩擦。

⑥千斤钢丝制动器应指定专人负责照管，防止意外。起落、调整吊杆完毕，应确认制动装置处于正确位置，方可离开。

⑦吊杆升起或调整后，稳索或保险索均应收紧、挽牢、固定，防止左右摆动。

⑧起落吊杆时，工作人员应穿戴安全帽、防护手套和工作服，严禁吊杆下方有人逗留。

⑨开航前，应将吊杆与支架座扣牢，稳索、千斤钢丝和吊货钢丝理清悬起并固定绑牢，防止受海浪浸蚀损伤。

⑩起货机使用完毕（或长时间停止装卸），操作人员应通知机舱值班人员及时关汽或停电。

十、雾区航行守则

①船舶在雾、霾、雪、暴风雨、沙暴或其他类似的使航行能见度受到限制的情况时，应严格遵守《1972 年国际海上避碰规则》中的有关条款以及当地港章等规定。

②在进入雾区之前，值班人员应及时测好船位并报告船长。开启雷达进行系统观察，通知机舱备车、备锚，安排好瞭望人员，并将瞭望人员名单及瞭望时间记入法定文书。

③船长获悉雾袭报告后，必须立即到驾驶台亲自指挥。当值人员应将船位、周围环境和已采取的措施告知船长。船长应对当值人员所采取的措施是否得当予以确认。

④雾袭到来时，应备妥各类救生设备，以便随时使用。

⑤雾中航行时，要使用安全航速，加强瞭望，必要时打开驾驶台门窗观察。

⑥保持全船要肃静，严禁大声喧哗和发出敲击声，以免影响值班人员的听觉。

⑦在本船发放雾号的时候，听到他船雾号，不应猝然中止，应当继续发放，以免他船误会，但是再发雾号时，应当力求避免同他船雾号声音重叠。

⑧他船雾号才停，本船切勿紧接发出雾号，以免被他船误认为是其发出

雾号的回声。

⑨本船停车后，且已不再对水移动的时候，才能发放停车的声号(二长声)。

⑩在听到他船雾号来自本船正横前时，应立即停车，必要时倒车把船停住，待判明情况后，再继续航行，严禁盲目转向避让或前进。

⑪守听甚高频无线电话，及时掌握周围船舶动态，发送雾航警告，报告本船动态。

⑫雾中航行，应充分利用航行仪器和助航设备，并应随时校对船位，切实掌握准确船位，要注意在车速多变情况下风流对船位的影响。

⑬雾航中，驾驶台和机舱人员必须坚守岗位，保持联系。

⑭遇雾抛锚时，要按照《国际海上避碰规则》有关规定发出锚泊信号。

⑮值班驾驶员应将遇雾的时间、地点、采取的措施、避让情况等详细记入法定文书。

十一、船舶防风、防冻守则

①按时收听气象信息。如有强风暴或寒流袭击本航区时，应及早做好防风、防冻的准备工作。固定好甲板所有可移工具、属具、缆绳、吊杆及重物。检查好主机、副机、舵机、锚机及取暖设备。关闭好水密门、窗及孔盖，封闭好货舱盖。将易冻水柜、水管水放净。

②大风浪中操作要谨慎小心。如果风浪过大，可适当调整航向与波浪的交角或降低车速，以减少波浪对船体的冲击和推进器的空转。最佳的顶浪航行角度为20°左右，车速以维持舵效为佳，避免车速过慢、船艏与波浪交角过大造成船舶打横。

③调头时要选择海面相对平静的有利时机，车舵配合，尽快调转。

④当船舶遇到寒冷（室外气温在-4℃以下）天气时，甲板水用完后应将管内残水放净。对露出水面的水管、水柜要采取防冻措施。

⑤甲板冻冰时，应及时采取措施，清除主要通道及甲板冰雪，防止船舶超载过大，并做好防滑工作，舷梯或跳板下必须放妥安全网。

⑥长时间停港船舶，要将主、副机和厨房水管里的水放尽，并做好防冻保暖工作。

十二、船员调动交接制度

①船员公休、因故调离或在原船变动职务并有接替人员到船接任时，均

应按各项制度规定把工作认真交接清楚。在港期间短期请假的船员也应参照规定向临时接任的人员妥善地交代或安排离船期间本职需做的工作及有关事宜。

②交班船员接到通知后，应按要求认真做好交接准备，抓紧完成（或完成其中一个段落）正在进行中的工作，集中并整理好各种应交物品，以便交接工作顺利进行。

③接班船员接到通知到船后应即向船长报到，并抓紧接班，不得借口拒绝或拖延接班。

④交班时间一般不应超过1d（天）。交接时，交方应耐心细致，接方要虚心勤问，不含糊接班。原则上属于设备的问题和遗留工作，交方一定要交代清楚。接方不应因本身的业务能力而过多地拖延时间，如有争议应报告领导处理。

⑤交班船员凡涉及事故处理，各种海损、机损以及保险索赔等手续的当事者和有关负责人等均应亲自办理办毕，不得移交给接班船员代办，并应向接班船员详细说明情况。

⑥交接双方应共同向部门长汇报交接情况，经部门长认可或监交签署后，交接才算完毕。在此之前，工作由交班船员负责，之后由接班船员负责。

⑦交班工作由实物交接、情况介绍和现场交接三部分组成。

⑧实物交接时应结合情况介绍。

⑨情况介绍内容包括：

a. 本船、本部门和本专业的概貌、特点、总的技术状况和存在的主要问题。

b. 本船制定的各种规章制度特别是涉及本专业和本职的部分。

c. 本职在本船的具体分工职责及有关规定。

d. 本职和别的部门、专业、工种相衔接或协作配合的工作项目及主次关系和工作习惯等。

e. 本职、本部门和本专业的各项生产、工作计划及其报告情况。

f. 船东最近下达的重要指示和新的规章制度。

g. 在港期间，本船、本部门、本专业或本职范围正在进行的和待办的工作以及领导布置的工作。

h. 下航次任务和开航准备的进行情况。

i. 本职在应变部署中的岗位和职责，应携带或操作的设备、器材的位置、用途、性能和使用方法、注意事项等。

j. 各级负责船员还应将所领导的人员的技术业务能力、思想表现、工作作风和其他特点等向接方详细介绍。

⑩双方共同到设备现场和工作现场，包括共管或协作的项目，由交方详细介绍：

a. 所管设备及其附属设备、装置、属具、专用仪表（器）和工具的名称、性能、运行现状、易出故障或事故的部分及其解决办法或应急措施以及注意事项等。

b. 有关管系（电）线路和各种阀、开关、操作控制装置和监测指标仪表的位置、工况数据、使用方法、操作容易发生的错误及其他注意事项。

c. 重要仪表的准确程度，安全报警装置或指示信号的可靠性，各种安全应急设备（或装置）的位置及其操作使用方法。

d. 油、水柜的分布，各柜容量和残留量，测量管或测量装置的位置，测量数据的换算方法以及误差等情况。

e. 各种属具、备件、工具、器具、材（物）料的存放位置、储备情况和急需补充的品种和数量，专用物料（如化学品剂等）的性能、保管及使用方法、安全注意事项。

f. 除严格规定不得任意拆动的，当接方认为必要时，可进行操作示范或者拆开某些机具部件，使接方更清楚地了解情况。对于某些无法直观或拆检工作量很大的部件，交方要尽其所知详细介绍。

g. 其他需要说明或强调的问题。

⑪各种存在问题、遗留工作、正在进行尚未结束的工作、重要待办事项等，均应详细交接并记录。

思考题

1. 船长的基本职责是什么？

2. 船长的权力有哪些？

3. 船员的基本职责有哪些？

4. 船员在船舶航行、作业、锚泊时值班有哪些职责？

5. 在船上吸烟要遵守哪些规定？

6. 电焊作业时应注意哪些事项？

7. 气焊作业时应注意哪些事项？

8. 开航前驾驶与轮机应联系哪些内容？

9. 救生艇的日常保养应注意哪些事项？

10. 高空作业应注意事项有哪些？

11. 舷外作业应注意哪些事项？

12. 起落吊杆前应注意哪些事项？

13. 船员调动交接时，情况介绍包括哪些内容？

14. 什么情况下不得使用自动舵？

15. 船舶进行明火作业如何办理申请手续？

第二章 渔业管理法律法规

本章要点：重点学习我国有关渔业管理的法律法规。其中，《中华人民共和国渔业法》是为了加强渔业资源的保护、增殖、开发和合理利用，发展人工养殖，保障渔业生产者的合法权益，促进渔业生产发展的基本法；《中华人民共和国海上交通安全法》是加强海上交通管理，保障船舶、设施和人命财产的安全，维护国家权益的根本大法；《中华人民共和国海洋环境保护法》是保护和改善海洋环境，保护海洋资源，防治污染损害，维护生态平衡，保障人体健康，促进经济和社会可持续发展的法律。学习这些法律法规，旨在提高船员的资源保护意识、安全意识、环保意识，切实做到依法办事，自觉维护和遵守法律法规，保证海上安全，防止污染海洋环境，保护海洋资源。

我国是渔业大国，渔业是农业和国民经济的重要产业，对于促进经济社会发展、维护国家海洋权益、加强生态环境建设，都具有十分重要的意义。因此，如何保护渔业资源、保护水域生态环境、加强渔业船舶安全管理、提高渔业船舶船员的业务素质及保障船员的合法权益，是促进渔业发展的根本保障。

第一节 渔业资源保护法律法规

一、《中华人民共和国渔业法》

《中华人民共和国渔业法》是加强渔业资源的保护、增殖、开发和合理利用的基本法，于1986年7月1日起实施，到目前为止，共进行了四次修订。该法共6章50条，分为：总则；养殖业；捕捞业；渔业资源的增殖和保护；法律责任；附则。

1. 总则

（1）立法目的 为了加强渔业资源的保护、增殖、开发和合理利用，发展人工养殖，保障渔业生产者的合法权益，促进渔业生产的发展，适应社会主义建设和人民生活的需要。

（2）**适用范围**　在中华人民共和国的内水、滩涂、领海、专属经济区以及中华人民共和国管辖的一切其他海域从事养殖和捕捞水生动物、水生植物等渔业生产活动，都必须遵守本法。

（3）**主管机关**　国务院渔业行政主管部门主管全国的渔业工作。县级以上地方人民政府渔业行政主管部门主管本行政区域内的渔业工作。县级以上人民政府渔业行政主管部门可以在重要渔业水域、渔港设渔政监督管理机构。

县级以上人民政府渔业行政主管部门及其所属的渔政监督管理机构可以设渔政检查人员。渔政检查人员执行渔业行政主管部门及其所属的渔政监督管理机构交付的任务。

（4）**我国渔业生产方针**　国家对渔业生产实行以养殖为主，养殖、捕捞、加工并举，因地制宜，各有侧重的方针。

2. 捕捞业

①国家根据捕捞量低于渔业资源增长量的原则，确定渔业资源的总可捕捞量，实行捕捞限额制度。

②国家对捕捞业实行捕捞许可证制度。具备下列条件的，方可发给捕捞许可证：

a. 有渔业船舶检验证书。

b. 有渔业船舶登记证书。

c. 符合国务院渔业行政主管部门规定的其他条件。

捕捞许可证不得买卖、出租和以其他形式转让，不得涂改、伪造、变造。

③从事捕捞作业的单位和个人，必须按照捕捞许可证关于作业类型、场所、时限、渔具数量和捕捞限额的规定进行作业，并遵守国家有关保护渔业资源的规定，大中型渔船应当填写渔捞日志。

3. 渔业资源的增殖和保护

①县级以上人民政府渔业行政主管部门可以向受益的单位和个人征收渔业资源增殖保护费，专门用于增殖和保护渔业资源。

②未经国务院渔业行政主管部门批准，任何单位或者个人不得在水产种质资源保护区内从事捕捞活动。

③禁止使用炸鱼、毒鱼、电鱼等破坏渔业资源的方法进行捕捞。禁止制造、销售、使用禁用的渔具。禁止在禁渔区、禁渔期进行捕捞。禁止使用小于最小网目尺寸的网具进行捕捞。捕捞的渔获物中幼鱼不得超过规定的比例。在禁渔区或者禁渔期内禁止销售非法捕捞的渔获物。

④禁止捕捞有重要经济价值的水生动物苗种。因养殖或者其他特殊需要，捕捞有重要经济价值的苗种或者禁捕的怀卵亲体的，必须经国务院渔业行政主管部门或者省、自治区、直辖市人民政府渔业行政主管部门批准，在指定的区域和时间内，按照限额捕捞。

⑤国家对白鳍豚等珍贵、濒危水生野生动物实行重点保护，防止其灭绝。禁止捕杀、伤害国家重点保护的水生野生动物。

4. 法律责任

对违反本法的，主管机关可视情节，给予没收渔获物、违法所得、罚款、没收渔具、没收渔船、吊销捕捞许可证等处罚。构成犯罪的，由司法机关依法追究刑事责任。

二、《中华人民共和国水生野生动物保护实施条例》

《中华人民共和国水生野生动物保护实施条例》是 1993 年 9 月 17 日国务院批准、1993 年 10 月 5 日农业部发布的一项关于保护水生野生动物的行政法规，其内容主要包括水生野生动物的保护、水生野生动物的管理及奖励与惩罚制度。本条例自 1993 年 10 月 5 日起施行，并于 2011 年 1 月 8 日和 2013 年 12 月 7 日进行了两次修订。该条例共 5 章 35 条，分别为：总则；水生野生动物保护；水生野生动物管理；奖励和惩罚；附则。

1. 总则

（1）有关定义

①水生野生动物：是指珍贵、濒危的水生野生动物。

②水生野生动物产品：是指珍贵、濒危的水生野生动物的任何部分及其衍生物。

（2）主管机关　国务院渔业行政主管部门主管全国水生野生动物管理工作。县级以上地方人民政府渔业行政主管部门主管本行政区域内水生野生动物管理工作。

2. 水生野生动物保护

①禁止任何单位和个人破坏国家重点保护的和地方重点保护的水生野生

动物生息繁衍的水域、场所和生存条件。

②任何单位和个人对侵占或者破坏水生野生动物资源的行为，有权向当地渔业行政主管部门或者其所属的渔政监督管理机构检举和控告。

③任何单位和个人发现受伤、搁浅和因误入港湾、河汊而被困的水生野生动物时，应当及时报告当地渔业行政主管部门或者其所属的渔政监督管理机构，由其采取紧急救护措施；也可以要求附近具备救护条件的单位采取紧急救护措施，并报告渔业行政主管部门。已经死亡的水生野生动物，由渔业行政主管部门妥善处理。

捕捞作业时误捕水生野生动物的，应当立即无条件放生。

3. 水生野生动物管理

①禁止捕捉、杀害国家重点保护的水生野生动物。

②取得特许捕捉证的单位和个人，必须按照特许捕捉证规定的种类、数量、地点、期限、工具和方法进行捕捉，防止误伤水生野生动物或者破坏其生存环境。捕捉作业完成后，应当及时向捕捉地的县级人民政府渔业行政主管部门或者其所属的渔政监督管理机构申请查验。

③禁止出售、收购国家重点保护的水生野生动物或者其产品。

4. 奖励和惩罚

（1）奖励　有下列事迹之一的单位和个人，由县级以上人民政府或者其渔业行政主管部门给予奖励：

①在水生野生动物资源调查、保护管理、宣传教育、开发利用方面有突出贡献的。

②严格执行野生动物保护法规，成绩显著的。

③拯救、保护和驯养繁殖水生野生动物取得显著成效的。

④发现违反水生野生动物保护法律、法规的行为，及时制止或者检举有功的。

⑤在查处破坏水生野生动物资源案件中做出重要贡献的。

⑥在水生野生动物科学研究中取得重大成果或者在应用推广有关的科研成果中取得显著效益的。

⑦在基层从事水生野生动物保护管理工作5年以上并取得显著成绩的。

⑧在水生野生动物保护管理工作中有其他特殊贡献的。

（2）惩罚　违反本条例的，主管机关给予没收捕获物、捕捉工具和违法所得，吊销特许捕捉证，罚款等处罚；构成犯罪的，由司法机关追究刑事责任。

三、《中华人民共和国渔业捕捞许可管理规定》

《中华人民共和国渔业捕捞许可管理规定》是农业部于 2002 年 8 月 23 日发布，自 2002 年 12 月 1 日起施行，并于 2004 年 7 月 1 日、2007 年 11 月 8 日、2013 年 12 月 31 日进行了三次修订。本规定共 6 章 47 条内容，对规范捕捞渔船管理、控制捕捞强度、实施渔业可持续发展战略发挥了重要作用，取得了明显的成效。

1. 总则

（1）**制定本规定的目的**　为了保护、合理利用渔业资源，控制捕捞强度，维护渔业生产秩序，保障渔业生产者的合法权益，根据《中华人民共和国渔业法》，制定本规定。

（2）**适用范围**　中华人民共和国的公民、法人和其他组织从事渔业捕捞活动，以及外国人在中华人民共和国管辖水域从事渔业捕捞活动，应当遵守本规定。

中华人民共和国缔结的条约、协定另有规定的，按条约、协定执行。

（3）**捕捞业的管理**　国家对捕捞业实行船网工具控制指标管理，实行捕捞许可证制度和捕捞限额制度。渔业捕捞许可证、船网工具控制指标等证书的审批和签发实行签发人制度。

（4）**主管机关**　农业部主管全国渔业捕捞许可管理工作。农业部各海区渔政渔港监督管理局分别负责本海区的捕捞许可管理的组织和实施工作。县级以上地方人民政府渔业行政主管部门及其所属的渔政监督管理机构负责本行政区域内的捕捞许可管理的组织和实施工作。

2. 作业场所

（1）**海洋捕捞渔船分类**

①海洋大型捕捞渔船：主机功率大于等于 441kW（600HP①）。

②海洋小型捕捞渔船：主机功率不满 44.1kW（60HP）且船长不满 12m（米）。

③海洋中型捕捞渔船：海洋大型和小型捕捞渔船以外的海洋捕捞渔船。

（2）**海洋捕捞作业场所的类型**

①A 类渔区：黄海、渤海、东海和南海及北部湾等海域机动渔船底拖网

---

① HP（马力）为我国非法定计量单位，1HP（马力）≈0.735kW（千瓦），以下同。

禁渔区线向陆地一侧海域。

②B类渔区：我国与有关国家缔结的协定确定的共同管理渔区、南沙海域、黄岩岛海域及其他特定渔业资源渔场和水产种质资源保护区。

③C类渔区：渤海、黄海、东海、南海及其他我国管辖海域中除 A 类、B 类渔区之外的海域。其中，黄渤海区为 C1、东海区为 C2、南海区为 C3。

④D类渔区：公海。

3. 船网工具指标

①农业部报国务院批准后，向有关省、自治区、直辖市下达海洋捕捞业船网工具控制指标。地方各级渔业行政主管部门控制本行政区域内捕捞渔船的数量、功率，不得超过国家下达的船网工具控制指标。

②制造、更新改造、购置、进口海洋捕捞渔船，必须经本规定具有审批权的主管机关批准，由主管机关在国家下达的船网工具控制指标内核定船网工具指标。

③制造、更新改造、进口海洋捕捞渔船的船网工具控制指标应在本省、自治区、直辖市范围内通过淘汰旧捕捞渔船解决，船数和功率应分别不超过淘汰渔船的船数和功率。

④申请人凭"渔业船网工具指标批准书"办理渔船制造、更新改造、购置或进口手续和申请渔船船名、办理船舶检验、登记、渔业捕捞许可证。"渔业船网工具指标批准书"的有效期不超过 18 个月。

4. 捕捞管理

①在中华人民共和国管辖水域和公海从事渔业捕捞活动，应当经主管机关批准并领取渔业捕捞许可证，根据规定的作业类型、场所、时限、渔具数量和捕捞限额作业。

渔业捕捞许可证必须随船携带，妥善保管，并接受渔业行政执法人员的检查。

②渔业捕捞许可证的类型：

a. 海洋渔业捕捞许可证，适用于许可在我国管辖海域的捕捞作业。

b. 公海渔业捕捞许可证，适用于许可我国渔船在公海的捕捞作业。国际或区域渔业管理组织有特别规定的，须同时遵守有关规定。

c. 内陆渔业捕捞许可证，适用于许可在内陆水域的捕捞作业。

d. 专项（特许）渔业捕捞许可证，适用于许可在特定水域、特定时间或对特定品种的捕捞作业，包括在 B 类渔区的捕捞作业，与海洋渔业捕捞许可证或内陆渔业捕捞许可证同时使用。

e. 临时渔业捕捞许可证，适用于许可临时从事捕捞作业和非专业渔船从事捕捞作业。

f. 外国渔船捕捞许可证，适用于许可外国船舶、外国人在我国管辖水域的捕捞作业。

g. 捕捞辅助船许可证，适用于许可为渔业捕捞生产提供服务的渔业捕捞辅助船，从事捕捞辅助活动。

③渔业捕捞许可证的内容。渔业捕捞许可证应当明确核定许可的作业类型、场所、时限、渔具数量及规格、捕捞品种等。已实行捕捞限额管理的品种或水域要明确核定捕捞限额的数量。

作业类型分为刺网、围网、拖网、张网、钓具、耙刺、陷阱、笼壶和杂渔具（含地拉网、敷网、抄网、掩罩及其他杂渔具）共 9 种。渔业捕捞许可证核定的作业类型最多不得超过其中的 2 种，并应明确每种作业类型中的具体作业方式。拖网、张网不得与其他作业类型兼作，其他作业类型不得改为拖网、张网作业。

非渔业生产单位的专业旅游观光船舶除垂钓之外，不得使用其他捕捞作业方式。

捕捞辅助船不得直接从事捕捞作业，其携带的渔具应捆绑、覆盖。

海洋捕捞作业场所要明确核定渔区的类别和范围，其中 B 类渔区要明确核定渔区、渔场或保护区的具体名称。公海要明确海域的名称。

④渔业捕捞许可证的审批。下列作业渔船的渔业捕捞许可证，向省级人民政府渔业行政主管部门申请。省级人民政府渔业行政主管部门应当自申请受理之日起 20d 内完成审核，并报农业部审批：

a. 到公海作业的。

b. 到我国与有关国家缔结的协定确定的共同管理渔区、南沙海域、黄岩岛海域作业的。

c. 到特定渔业资源渔场、水产种质资源保护区作业的。

d. 因养殖或者其他特殊需要，捕捞农业部颁布的有重要经济价值的苗种或者禁捕的怀卵亲体的。

e. 因教学、科研等特殊需要，在农业部颁布的禁渔区、禁渔期从事捕捞作业的。

农业部应当自收到省级人民政府渔业行政主管部门报送的材料之日起

15d 内做出是否发放捕捞许可证的决定。

⑤作业场所核定在 B 类、C 类渔区的渔船，不得跨海区界限作业。作业场所核定在 A 类渔区或内陆水域的渔船，不得跨省、自治区、直辖市管辖水域界限作业。因传统作业习惯或资源调查及其他特殊情况，需要跨界捕捞作业的，由申请人所在地县级以上渔业行政主管部门出具证明，报作业水域所在地审批机关批准。

在相邻交界水域作业的渔业捕捞许可证，由交界水域有关的县级以上地方人民政府渔业行政主管部门协商发放，或由其共同的上级渔业行政主管部门审批发放。

⑥除上述④、⑤规定的情况外，其他作业的渔业捕捞许可证由县级以上地方人民政府渔业行政主管部门审批发放，其中海洋大型拖网、围网渔船作业的捕捞许可证，由省级人民政府渔业行政主管部门审批发放。

⑦作业场所的核定权限：

a. 农业部：A 类、B 类、C 类、D 类渔区和内陆水域。

b. 农业部各海区渔政渔港监督管理局：本海区范围内的 C 类渔区，农业部授权的 B 类渔区。

c. 省级渔业行政主管部门：在海洋为本省、自治区、直辖市范围内的 A 类渔区，农业部授权的 C 类渔区。特殊情况需要地（市）级、县级渔业行政主管部门核定作业场所的，由省级渔业行政主管部门规定并授权。

⑧渔业捕捞许可证的有效期及审验。海洋渔业捕捞许可证的使用期限为 5 年。

使用期 1 年以上的渔业捕捞许可证实行年度审验制度，每年审验一次。公海渔业捕捞许可证的审验期为 2 年。

海洋大型、中型渔船应填写《渔捞日志》，并在渔业捕捞许可证年审或再次申请渔业捕捞许可证时，提交渔业捕捞许可证年审或发证机关。

5. 签发制度

渔业船网工具指标申请书、渔业船网工具指标批准书、渔业捕捞许可证申请书和渔业捕捞许可证的审核、审批和签发实行签发人制度，签发人签字并加盖公章后方为有效。

6. 有关专门用语的定义

（1）渔业捕捞活动　捕捞或准备捕捞水生生物资源的行为，以及为这种行为提供支持和服务的各种活动。娱乐性游钓或在尚未养殖、管理的滩涂手工采集水产品的除外。

（2）**渔船**　《中华人民共和国渔港水域交通安全管理条例》规定的渔业船舶。

（3）**船长**　渔业船舶登记（国籍）证书中的船舶登记长度。

（4）**捕捞渔船**　从事捕捞活动的生产船。

（5）**捕捞辅助船**　渔获物运销船、冷藏加工船、渔用物资和燃料补给船等为渔业捕捞生产提供服务的渔业船舶。

（6）**非专业渔船**　从事捕捞活动的教学、科研、资源调查船，特殊用途渔船，专业旅游观光船等船舶。

（7）**远洋渔船**　在公海或他国管辖海域作业的渔船。专业远洋渔船，指专门用于在公海或他国管辖海域作业的渔船；非专业远洋渔船，指具有国内有效的渔业捕捞许可证，转产到公海或他国管辖海域作业的渔船。

（8）**船网工具控制指标**　渔船的数量及其主机功率数值、网具或其他渔具的数量的最高限额。

第二节　船舶与船员管理法律法规

一、《中华人民共和国海上交通安全法》

《中华人民共和国海上交通安全法》是我国海上交通安全管理的基本法，于1984年1月1日起实施，2016年11月7日第十二届全国人民代表大会常务委员会第二十四次会议对该法进行了修订。该法共12章53条，分为：总则；船舶检验和登记；船舶、设施上的人员；航行、停泊和作业；安全保障；危险货物运输；海难救助；打捞清除；交通事故的调查处理；法律责任；特别规定；附则。

1. 总则

（1）**立法目的**　加强海上交通管理，保障船舶、设施和人命财产的安全，维护国家权益。

（2）**适用范围**　适用于在中华人民共和国沿海水域航行、停泊和作业的一切船舶、设施和人员以及船舶、设施的所有人、经营人。

（3）**主管机关**　中华人民共和国海事管理机构，是对沿海水域的交通安全实施统一监督管理的主管机关。

国家渔政渔港监督管理机构，在以渔业为主的渔港水域内，行使本法规定的主管机关的职权，负责交通安全的监督管理，并负责沿海水域渔业船舶之间的交通事故的调查处理。

2. 船舶检验和登记

船舶和船上有关航行安全的重要设备必须具有船舶检验部门签发的有效技术证书；船舶必须持有证明其航行权的证书，如船舶国籍证书。

3. 船舶上的人员

船舶应当按照标准定额配备足以保证船舶安全的合格船员。

船长、轮机长、驾驶员、轮机员、无线电操作人员以及水上飞机、潜水器的相应人员，必须持有合格的职务证书。其他船员必须经过相应的专业技术训练。

船舶上的人员必须遵守有关海上交通安全的规章制度和操作规程，保障船舶航行、停泊和作业的安全。

4. 航行、停泊和作业

（1）中、外籍船舶共同遵守的规定

①船舶航行、停泊和作业，必须遵守中华人民共和国的有关法律、行政法规和规章。

②国际航行船舶进出中华人民共和国港口，必须接受主管机关的检查。本国籍国内航行船舶进出港口，必须向主管机关报告船舶的航次计划、适航状态、船员配备和载货载客等情况。

③船舶进出港口或者通过交通管制区、通航密集区和航行条件受到限制的区域时，必须遵守中华人民共和国政府或主管机关公布的特别规定。

④除经主管机关特别许可外，禁止船舶进入或穿越禁航区。

（2）**对外国籍船舶的管理**

①外国籍非军用船舶，未经主管机关批准，不得进入中华人民共和国的内水和港口。但是，因人员病急、机件故障、遇难、避风等意外情况，未及获得批准，可以在进入的同时向主管机关紧急报告，并听从指挥。外国籍军用船舶，未经中华人民共和国政府批准，不得进入中华人民共和国领海。

②外国籍船舶进出中华人民共和国港口或者在港内航行、移泊以及靠离港外系泊点、装卸站等，必须由主管机关指派引航员引航。

（3）**主管机关的行政干预权**

①主管机关发现船舶的实际状况同证书所载不相符合时，有权责成其申请重新检验或者通知其所有人、经营人采取有效的安全措施。

②主管机关认为船舶对港口安全具有威胁时，有权禁止其进港或令其离港。

③船舶有下列情况之一的，主管机关有权禁止其离港，或令其停航、改航、停止作业：

a. 违反中华人民共和国有关的法律、行政法规或规章。

b. 处于不适航或不适拖状态。

c. 发生交通事故，手续未清。

d. 未向主管机关或有关部门交付应承担的费用，也未提供适当的担保。

e. 主管机关认为有其他妨害或者可能妨害海上交通安全的情况。

5. 安全保障

①在沿海水域划定禁航区，必须经国务院或主管机关批准。但是，为军事需要划定禁航区，可以由国家军事主管部门批准。禁航区由主管机关公布。

②禁止损坏助航标志和导航设施。损坏助航标志或导航设施的，应当立即向主管机关报告，并承担赔偿责任。

③船舶发现下列情况，应当迅速报告主管机关：

a. 助航标志或导航设施变异、失常。

b. 有妨碍航行安全的障碍物、漂流物。

c. 其他有碍航行安全的异常情况。

④船舶发生事故，对交通安全造成或者可能造成危害时，主管机关有权采取必要的强制性处置措施。

6. 海难救助

①船舶遇难时，除发出呼救信号外，还应当以最迅速的方式将出事时间、地点、受损情况、救助要求以及发生事故的原因，向主管机关报告。

②遇难船舶及其所有人、经营人应当采取一切有效措施组织自救。

③事故现场附近的船舶，收到求救信号或发现有人遭遇生命危险时，在不严重危及自身安全的情况下，应当尽力救助遇难人员，并迅速向主管机关报告现场情况和本船舶的名称、呼号和位置。

④发生碰撞事故的船舶，应当互通名称、国籍和登记港，并尽一切可能救助遇难人员。在不严重危及自身安全的情况下，当事船舶不得擅自离开事故现场。

⑤主管机关接到求救报告后，应当立即组织救助。有关单位和在事故现场附近的船舶，必须听从主管机关的统一指挥。

7. 打捞清除

①对影响安全航行、航道整治以及有潜在爆炸危险的沉没物、漂浮物，其所有人、经营人应当在主管机关限定的时间内打捞清除。否则，主管机关有权采取措施强制打捞清除，其全部费用由沉没物、漂浮物的所有人、经营人承担。

②未经主管机关批准，不得擅自打捞或拆除沿海水域内的沉船沉物。

8. 交通事故的调查处理

①船舶、设施发生交通事故，应当向主管机关递交事故报告书和有关资料，并接受调查处理。事故的当事人和有关人员，在接受主管机关调查时，必须如实提供现场情况和与事故有关的情节。

②船舶、设施发生的交通事故，由主管机关查明原因，判明责任。

9. 法律责任

（1）行政责任　对违反本法的，主管机关可视情节，给予下列一种或几种处罚：

①警告。

②扣留或吊销职务证书。

③罚款。

当事人对主管机关给予的罚款、吊销职务证书处罚不服的，可以在接到处罚通知之日起 15d 内，向法院起诉；期满不起诉又不履行的，由主管机关申请法院强制执行。

（2）民事责任　因海上交通事故引起的民事纠纷，可以由主管机关调解处理，不愿意调解或调解不成的，当事人可以向法院起诉；涉外案件的当事人，还可以根据书面协议提交仲裁机构仲裁。

（3）刑事责任　对违反本法构成犯罪的人员，由司法机关依法追究刑事责任。

10. 附则

本法下列用语的含义是：

①沿海水域是指中华人民共和国沿海的港口、内水和领海以及国家管辖的一切其他海域。

②船舶是指各类排水或非排水船、筏、水上飞机、潜水器和移动式平台。

③设施是指水上水下各种固定或浮动建筑、装置和固定平台。

④作业是指在沿海水域调查、勘探、开采、测量、建筑、疏浚、爆破、救助、打捞、拖带、捕捞、养殖、装卸、科学试验和其他水上水下施工。

二、《中华人民共和国渔港水域交通安全管理条例》

《中华人民共和国渔港水域交通安全管理条例》是根据《中华人民共和国海上交通安全法》第四十八条的规定，针对渔港水域交通安全管理所制定的行政法规。条例自 1989 年 8 月 1 日起施行，2011 年 1 月 8 日进行了修订。该条例共 29 条。

1. 适用范围

本条例适用于在中华人民共和国沿海以渔业为主的渔港和渔港水域航行、停泊、作业的船舶、设施和人员以及船舶、设施的所有者、经营者。

2. 主管机关

中华人民共和国渔政渔港监督管理机关是对渔港水域交通安全实施监督管理的主管机关，并负责沿海水域渔业船舶之间交通事故的调查处理。

3. 条例有关用语的含义

①渔港是指主要为渔业生产服务和供渔业船舶停泊、避风、装卸渔获物和补充渔需物资的人工港口或者自然港湾。

②渔港水域是指渔港的港池、锚地、避风湾和航道。

③渔业船舶是指从事渔业生产的船舶以及属于水产系统为渔业生产服务的船舶，包括捕捞船、养殖船、水产运销船、冷藏加工船、油船、供应船、渔业指导船、科研调查船、教学实习船、渔港工程船、拖轮、交通船、驳船、渔政船和渔监船。

4. 渔港水域航行、停泊和作业安全管理

①船舶进出渔港必须遵守渔港管理章程以及国际海上避碰规则，并依照规定办理签证，接受安全检查。

②渔港内的船舶必须服从渔政渔港监督管理机关对水域交通安全秩序的管理。

③船舶在渔港内停泊、避风和装卸物资，不得损坏渔港的设施装备；造成损坏的应当向渔政渔港监督管理机关报告，并承担赔偿责任。

④在渔港内的航道、港池、锚地和停泊区，禁止从事有碍海上交通安全的捕捞、养殖等生产活动；确需从事捕捞、养殖等生产活动的，必须经渔政渔港监督管理机关批准。

⑤渔港内的船舶、设施有下列情形之一的，渔政渔港监督管理机关有权禁止其离港，或者令其停航、改航、停止作业：

a. 违反中华人民共和国法律、法规或者规章的。

b. 处于不适航或者不适拖状态的。

c. 发生交通事故、手续未清的。

d. 未向渔政渔港监督管理机关或者有关部门交付应当承担的费用，也未提供担保的。

e. 渔政渔港监督管理机关认为有其他妨害或者可能妨害海上交通安全的。

⑥渔港内的船舶、设施发生事故，对海上交通安全造成或者可能造成危害的，渔政渔港监督管理机关有权对其采用强制性处置措施。

5. 船舶检验与登记

①渔业船舶必须经船舶检验部门检验合格，取得船舶技术证书，并领取渔港监督管理机关签发的渔业船舶航行签证簿后，方可从事渔业生产。

②渔业船舶在向渔政渔港监督管理机关申请船舶登记，并取得渔业船舶国籍证书或者渔业船舶登记证书后，方可悬挂中华人民共和国国旗航行。

6. 人员管理

渔业船舶的船长、轮机长、驾驶员、轮机员、电机员、无线电报务员和话务员，必须经渔政渔港监督管理机关考核合格，取得职务证书，其他人员应当经过相应的专业训练。

7. 交通事故的调查处理

①渔业船舶之间发生交通事故，应当向就近的渔政渔港监督管理机关报告，并在进入第一个港口 48h 之内向渔政渔港监督管理机关递交事故报告书和有关材料，接受调查处理。

②渔政渔港监督管理机关对渔港水域内的交通事故和其他沿海水域渔业船舶之间的交通事故，应当及时查明原因，判明责任，做出处理决定。

8. 法律责任

（1）**行政责任** 违反本条例，由渔政渔港监督管理机关责令改正，可以并处警告、罚款；情节严重的，扣留或者吊销船长职务证书。

当事人对渔政渔港监督管理机关做出的行政处罚决定不服的，可以在接到处罚通知之日起 15d 内向法院起诉；期满不起诉又不履行的，由渔政渔港监督管理机关申请法院强制执行。

（2）民事责任　因渔港水域内发生的交通事故或者其他沿海水域发生的渔业船舶之间的交通事故引起的民事纠纷，可以由渔政渔港监督管理机关调解处理；调解不成或者不愿意调解的，当事人可以向法院起诉。

（3）刑事责任　拒绝、阻碍渔政渔港监督管理工作人员依法执行公务，应当给予治安管理处罚的，由公安机关依照《中华人民共和国治安管理处罚法》有关规定处罚；构成犯罪的，由司法机关依法追究刑事责任。

三、《中华人民共和国渔业船舶检验条例》

《中华人民共和国渔业船舶检验条例》是依照《中华人民共和国渔业法》制定的，2003年6月11日由国务院通过，自2003年8月1日起施行。其目的是为了规范渔业船舶的检验，保证渔业船舶具备安全航行和作业的条件，保障渔业船舶和渔民生命财产的安全，防止污染环境。该条例共7章40条，包括：总则；初次检验；营运检验；临时检验；监督管理；法律责任；附则。

1. 总则

（1）适用范围　在中华人民共和国登记和将要登记的渔业船舶的检验，适用本条例。但从事国际航运的渔业辅助船舶除外。

（2）主管机关　国务院渔业行政主管部门主管全国渔业船舶检验及其监督管理工作。中华人民共和国渔业船舶检验局行使渔业船舶检验及其监督管理职能。地方渔业船舶检验机构依照本条例规定，负责有关的渔业船舶检验工作。

（3）国家对渔业船舶实行强制检验制度　强制检验分为初次检验、营运检验和临时检验。

2. 初次检验

初次检验，是指渔业船舶检验机构在渔业船舶投入营运前对其所实施的全面检验。

①初次检验的实施对象和范围：

a. 制造的渔业船舶。

b. 改造的渔业船舶（包括非渔业船舶改为渔业船舶、国内作业的渔业船舶改为远洋作业的渔业船舶）。

c. 进口的渔业船舶。

②渔业船舶检验机构对检验合格的渔业船舶，应当自检验完毕之日起5个工作日内签发渔业船舶检验证书；经检验不合格的，应当书面通知当事人，并说明理由。

③进口的渔业船舶和远洋渔业船舶的初次检验，由国家渔业船舶检验机构统一组织实施。其他渔业船舶的初次检验，由船籍港渔业船舶检验机构负责实施。

3. 营运检验

营运检验，是指渔业船舶检验机构对营运中的渔业船舶所实施的常规性检验。

①营运中的渔业船舶的所有者或者经营者应当按照国务院渔业行政主管部门规定的时间申报营运检验。

②营运检验的实施对象和范围：

a. 渔业船舶的结构和机电设备。

b. 与渔业船舶安全有关的设备、部件。

c. 与防止污染环境有关的设备、部件。

d. 国务院渔业行政主管部门规定的其他检验项目。

③渔业船舶检验机构应当自申报营运检验的渔业船舶到达受检地之日起3个工作日内实施检验。经检验合格的，应当自检验完毕之日起5个工作日内在渔业船舶检验证书上签署意见或者签发渔业船舶检验证书；签发境外受检的远洋渔业船舶的检验证书，可以延长至15个工作日。经检验不合格的，应当书面通知当事人，并说明理由。

④远洋渔业船舶的营运检验，由国家渔业船舶检验机构统一组织实施。其他渔业船舶的营运检验，由船籍港渔业船舶检验机构负责实施；因故不能回船籍港进行营运检验的渔业船舶，由船籍港渔业船舶检验机构委托船舶的营运地或者维修地渔业船舶检验机构实施检验。

4. 临时检验

临时检验，是指渔业船舶检验机构对营运中的渔业船舶出现特定情形时所实施的非常规性检验。

①临时检验的实施对象和范围：

a. 因检验证书失效而无法及时回船籍港的。

b. 因不符合水上交通安全或者环境保护法律、法规的有关要求被责令检验的。

c. 具有国务院渔业行政主管部门规定的其他特定情形的。

②渔业船舶检验机构应当自申报临时检验的渔业船舶到达受检地之日起2个工作日内实施检验。经检验合格的，应当自检验完毕之日起3个工作日内在渔业船舶检验证书上签署意见或者签发渔业船舶检验证书；经检验不合格的，应当书面通知当事人，并说明理由。

5. 监督管理

（1）渔业船舶检验机构不受理渔业船舶检验的情形

①设计图纸、技术文件未经渔业船舶检验机构审查批准或者确认的。

②违反本条例相关规定制造、改造的。

③违反本条例相关规定进行维修的。

④按照国家有关规定应当报废的。

（2）**渔业船舶检验证书的注销** 有下列情形之一的渔业船舶，其所有者或者经营者应当在渔业船舶报废、改籍、改造之日前7个工作日内或者自渔业船舶灭失之日起20个工作日内，向渔业船舶检验机构申请注销其渔业船舶检验证书：

①按照国家有关规定报废的。

②中国籍改为外国籍的。

③渔业船舶改为非渔业船舶的。

④因沉没等原因灭失的。

四、《中华人民共和国渔业船舶登记办法》

《中华人民共和国渔业船舶登记办法》于2012年农业部第10次常务会议审议通过，自2013年1月1日起施行。该办法共10章57条，包括：总则；船名核定；所有权登记；国籍登记；抵押权登记；光船租赁登记；变更登记和注销登记；证书换发和补发；监督管理；附则。

1. 总则

①船舶登记的目的。为加强渔业船舶监督管理，确定渔业船舶的所有权、国籍、船籍港及其他有关法律关系，保障渔业船舶登记有关各方的合法权益。

②应当登记的船舶。中华人民共和国公民或法人所有的渔业船舶，以及中华人民共和国公民或法人以光船条件从境外租进的渔业船舶，应当依照本办法进行登记。

③主管机关。农业部主管全国渔业船舶登记工作。中华人民共和国渔政局具体负责全国渔业船舶登记及其监督管理工作。

县级以上地方人民政府渔业行政主管部门主管本行政区域内的渔业船舶登记工作。县级以上地方人民政府渔业行政主管部门所属的渔港监督机关，依照规定权限负责本行政区域内的渔业船舶登记及其监督管理工作。

④渔业船舶依照本办法进行登记，取得中华人民共和国国籍，方可悬挂中华人民共和国国旗航行。

渔业船舶不得具有双重国籍。凡在境外登记的渔业船舶，未中止或者注销原登记国籍的，不得取得中华人民共和国国籍。

⑤渔业船舶所有人应当向户籍所在地或企业注册地的县级以上登记机关申请办理渔业船舶登记。

远洋渔业船舶登记由渔业船舶所有人向所在地省级登记机关申请办理。中央在京直属企业所属远洋渔业船舶登记由渔业船舶所有人向船舶所在地的省级登记机关申请办理。

渔业船舶登记的港口是渔业船舶的船籍港。每艘渔业船舶只能有1个船籍港。

2. 船名核定

①渔业船舶只能有1个船名，船名不得与登记在先的船舶同名或同音。

②远洋渔业船舶、科研船和教学实习船的船名由申请人提出，经省级渔业船舶登记机关审核后，报中华人民共和国渔政局核定。公务船舶的船名按照农业部的规定办理。

③有下列情形之一的，渔业船舶所有人或承租人应当向登记机关申请船名：

a. 制造、进口渔业船舶的。

b. 因继承、赠与、购置、拍卖或法院生效判决取得渔业船舶所有权，需要变更船名的。

c. 以光船条件从境外租进渔业船舶的。

④渔业船舶船名核定书的有效期为18个月。超过有效期未使用船名的，渔业船舶船名核定书作废，渔业船舶所有人应当按照本办法规定重新提出申请。

3. 所有权登记

①渔业船舶所有权的取得、转让和消灭，应当依照本办法进行登记；未

经登记的，不得对抗善意第三人。

②渔业船舶所有权登记，由渔业船舶所有人申请。共有的渔业船舶，由持股比例最大的共有人申请；持股比例相同的，由约定的共有人一方申请。

③登记机关准予登记的，向渔业船舶所有人核发渔业船舶所有权登记证书。

4. 国籍登记

①渔业船舶应当依照本办法进行渔业船舶国籍登记，方可取得航行权。

②登记机关准予登记的，向船舶所有人核发渔业船舶国籍证书，同时核发渔业船舶航行签证簿，载明船舶主要技术参数。

③从事国内作业的渔业船舶经批准从事远洋渔业的，渔业船舶所有人应当持有关批准文件和国际渔船安全证书向省级登记机关申请换发渔业船舶国籍证书，并将原渔业船舶国籍证书交由省级登记机关暂存。

④经农业部批准从事远洋渔业的渔业船舶，需要加入他国国籍方可在他国管辖海域作业的，渔业船舶所有人应当持有关批准文件和国际渔船安全证书向省级登记机关申请中止渔业船舶国籍。登记机关准予中止国籍的，应当封存该渔业船舶国籍证书和航行签证簿，并核发渔业船舶国籍中止证明书。

⑤以光船条件从境外租进渔业船舶的，承租人应当持光船租赁合同、渔业船舶检验证书或报告、农业部批准租进的文件和原登记机关出具的中止或者注销原国籍的证明书，或者将于重新登记时立即中止或者注销原国籍的证明书，向省级登记机关申请办理临时渔业船舶国籍证书。

⑥渔业船舶国籍证书有效期为5年。

⑦以光船租赁条件从境外租进的渔业船舶，临时渔业船舶国籍证书的有效期根据租赁合同期限确定，但是最长不得超过2年。

租赁合同期限超过2年的，承租人应当在证书有效期届满30d前，持渔业船舶租赁登记证书、原临时渔业船舶国籍证书和租赁合同，向原登记机关申请换发临时渔业船舶国籍证书。

5. 抵押权登记

①渔业船舶抵押权的设定、转移和消灭，抵押权人和抵押人应当共同进行登记；未经登记的，不得对抗善意第三人。

②渔业船舶所有人或其授权的人可以设定船舶抵押权。

渔业船舶共有人就共有渔业船舶设定抵押权时，应当提供2/3以上份额或者约定份额的共有人同意的证明文件。

渔业船舶抵押权的设定，应当签订书面合同。

③登记机关准予登记的，应当将抵押权登记情况载入渔业船舶所有权登记证书，并向抵押权人核发渔业船舶抵押权登记证书。

6. 光船租赁登记

①以光船条件出租渔业船舶，或者以光船条件租进境外渔业船舶的，出租人和承租人应当进行光船租赁登记；未经登记的，不得对抗善意第三人。

②登记机关准予登记的，应当将租赁情况载入渔业船舶所有权登记证书和国籍证书，并向出租人和承租人核发渔业船舶租赁登记证书各1份。

③中国籍渔业船舶以光船条件出租到境外的，出租人应当持相关规定的文件，向船籍港登记机关申请办理光船租赁登记。捕捞渔船和捕捞辅助船还应当提供省级以上人民政府渔业行政主管部门出具的渔业捕捞许可证暂存证明。

登记机关准予登记的，应当中止该渔业船舶国籍，封存渔业船舶国籍证书和航行签证簿，将租赁情况载入渔业船舶所有权登记证书和国籍证书，并向出租人核发渔业船舶租赁登记证书和渔业船舶国籍中止证明书。

④公民或法人以光船条件租进境外渔业船舶的，承租人应当填写渔业船舶租赁登记申请表，向所在地省级登记机关申请办理光船租赁登记；登记机关准予登记的，应当向承租人核发渔业船舶租赁登记证书，并将租赁登记内容载入临时渔业船舶国籍证书。

7. 变更和注销登记

(1) **变更登记**　有下列情形之一的，船舶所有人应办理变更登记：

①船名变更。

②船舶主尺度、吨位或船舶种类变更。

③船舶主机类型、数量或功率变更。

④船舶所有人姓名、名称或地址变更（船舶所有权发生转移的除外）。

⑤船舶共有情况变更。

⑥船舶抵押合同、租赁合同变更（解除合同的除外）。

登记机关准予变更登记的，应当换发相关证书，并收回、注销原有证书。换发的证书有效期不变。

(2) **注销登记**　有下列情形之一的，船舶所有人应办理注销登记：

①所有权转移的。

②船舶灭失或失踪满6个月的。

③船舶拆解或销毁的。

④自行终止渔业生产活动的。

⑤船舶抵押合同解除。

⑥中国籍渔业船舶以光船条件出租给中国籍公民或法人的光船租赁合同期满或光船租赁关系终止。

⑦中国籍渔业船舶以光船条件出租到境外的光船租赁合同期满或光船租赁关系终止。

⑧中国籍公民或法人以光船租赁条件从境外租进渔业船舶的光船租赁合同期满或光船租赁关系终止。

登记机关准予注销登记的，应当收回有关证书，并向渔业船舶所有人出具渔业船舶注销登记证明书。

登记机关在注销渔业船舶所有权登记时，应当同时注销该渔业船舶国籍。

8. 证书的换发和补发

（1）证书的换发　渔业船舶所有人应当在渔业船舶国籍证书有效期届满3个月前，持渔业船舶国籍证书和渔业船舶检验证书到登记机关申请换发国籍证书。

渔业船舶登记证书污损不能使用的，渔业船舶所有人应当持原证书向登记机关申请换发。

（2）证书的补发　渔业船舶登记相关证书、证明遗失或者灭失的，渔业船舶所有人应当在当地报纸上公告声明，并自公告发布之日起15d后凭有关证明材料向登记机关申请补发证书、证明。

申请补发渔业船舶国籍证书期间需要航行作业的，渔业船舶所有人可以向原登记机关申请办理有效期不超过1个月的临时渔业船舶国籍证书。

渔业船舶国籍证书在境外遗失、灭失或者损坏的，渔业船舶所有人应当向中华人民共和国驻外使（领）馆申请办理临时渔业船舶国籍证书，并同时向原登记机关申请补发渔业船舶国籍证书。

五、《中华人民共和国船舶进出渔港签证办法》

为了维护渔港正常秩序，保障渔港设施、船舶及人命、财产安全，防止污染渔港水域环境，加强进出渔港船舶的监督管理。1990年1月26日农业部发布了《中华人民共和国船舶进出渔港签证办法》，1997年12月25日农业部令第 39 号对本办法进行了修订，自公布之日起施行。本办法共 4 章 20 条，包括：总则；签证办法；签证条件；违章处罚。

1. 总则

（1）制定的法律依据 根据《中华人民共和国海上交通安全法》《中华人民共和国防止船舶污染海域管理条例》及《中华人民共和国渔港水域交通安全管理条例》等有关法律、行政法规，制定本办法。

（2）适用范围 凡进出渔港（含综合性港口内的渔业港区、水域、锚地和渔船停泊的自然港湾）的中国籍船舶均应遵守本办法。但下列船舶可免于签证：

①在执行公务时的军事、公安、边防、海关、海监、渔政船等国家公务船。

②体育运动船。

③经渔港监督机关批准免予签证的其他船舶。

外国籍船舶，港、澳地区船舶（含港、澳流动渔船）及台湾省渔船，进出渔港应向渔港监督机关报告，遵守渔港管理规定。

（3）主管机关 中华人民共和国渔港监督机关是依据本办法负责船舶进出渔港签证工作和对渔业船舶实施安全检查的主管机关。

2. 签证办法

①船舶应在进港后 24h 内（在港时间不足 24h 的，应于离港前）应向渔港监督机关办理进出港签证手续，并接受安全检查。签证工作一般实行进出港一次签证。渔业船舶若临时改变作业性质，出港时仍需办理出港签证。

②在海上连续作业时间不超过 24h 的渔业船舶（包括水产养殖船），以及长度在 12m 以下的小型渔业船舶，可以向所在地或就近渔港的渔港监督机关或其派出机构办理定期签证，并接受安全检查。

③凡需在渔港内装卸货物的船舶，须填写"船舶进（出）港报告单"。

④装运危险物品进港的船舶，应在抵港前 3d（航程不足 3d 者，应在驶离出发港前）直接或通过代理人，向所进港口的渔港监督机关报告所装物品的名称、数量、性质、包装情况和进港时间，经批准后，方可进港，并在指定地点停泊和作业。

⑤凡需要在渔港内装载危险货物的船舶，应在装船前 2d 向渔港监督机关申请办理"船舶装运危险物品准运单"。

同时装运普通货物和危险货物的船舶须分别填报"船舶进（出）港报告

单"和"船舶装运危险物品准运单"。

⑥渔港监督机关办理进出港签证，须填写"渔业船舶进出港签证登记簿"和"渔业船舶航行签证簿"备查。

3. 签证条件

进出渔港的船舶须符合下列条件，方能办理签证：

①船舶证书（国籍证书或登记证书、船舶检验证书、航行签证簿）齐全、有效，捕捞渔船还须有渔业捕捞许可证。

捕捞渔船临时从事载客、载货运输时，须向船舶检验部门申请临时检验，并取得有关证书。

150GT（总吨）以上的油轮、400GT以上的非油轮和主机额定功率300kW以上的渔业船舶，应备有油类记录簿。

从事倾倒废弃物作业的船舶，应持有国家海洋局或其派出机构的批准文件。

②按规定配齐船员，职务船员应持有有效的职务证书。

③船舶处于适航状态。各种有关航行安全的重要设施及救生、消防设备按规定配备齐全，并处于良好使用状态。装载合理，按规定标写船名、船号、船籍港和悬挂船名牌。

④装运危险物品的船舶，其货物名称和数量应与"船舶装运危险物品准运单"所载相符，并有相应的安全保障和预防措施，按规定显示信号。

⑤没有违反中华人民共和国法律、行政法规或港口管理规章的行为。

⑥已交付了承担的费用，或提供了适当的担保。

⑦如发生交通事故，按规定办完处理手续。

⑧根据天气预报，海上风力没有超过船舶抗风等级。

4. 违章处罚

未办理进出渔港签证的，或者在渔港内不服从渔政渔港监督管理机关对水域交通安全秩序管理的，由渔政渔港监督管理机关责令改正，可以并处警告、罚款；情节严重的，扣留或者吊销船长职务证书。

六、《中华人民共和国渔业港航监督行政处罚规定》

为加强渔业船舶安全监督管理，规范渔业港航法规行政处罚，保障渔业港航法规的执行和渔业生产者的合法权益，农业部制定《中华人民共和国渔业港航监督行政处罚规定》，于2000年5月9日起开始施行。本规定共6章39

条，包括:总则;违反渔港管理的行为和处罚;违反渔业船舶管理的行为和处罚;违反渔业船员管理的行为和处罚;违反其他安全管理的行为和处罚;附则。

1. 总则

（1）适用范围　适用于中国籍渔业船舶及其船员、所有者和经营者，以及在中华人民共和国渔港和渔港水域内航行、停泊和作业的其他船舶、设施及其船员、所有者和经营者。

（2）主管机关　中华人民共和国渔政渔港监督管理机关依据本规定行使渔业港航监督行政处罚权。

（3）处罚的种类

①警告。

②罚款。

③扣留或吊销船舶证书或船员证书。

④法律、法规规定的其他行政处罚。

（4）免予处罚的情形

①因不可抗力或以紧急避险为目的的行为。

②渔业港航违法行为显著轻微并及时纠正，没有造成危害性后果。

（5）从轻、减轻处罚的情形

①主动消除或减轻渔业港航违法行为后果。

②配合渔政渔港监督管理机关查处渔业港航违法行为。

③12m 以下的海洋渔业船舶。

④依法可以从轻、减轻的其他渔业港航违法行为。

（6）从重处罚的情形

①违法情节严重，影响较大。

②多次违法或违法行为造成重大损失。

③损失虽然不大，但事后既不向渔政渔港监督管理机关报告，又不采取措施，放任损失扩大。

④逃避、抗拒渔政渔港监督管理机关检查和管理。

⑤依法可以从重处罚的其他渔业港航违法行为。

2. 渔业港航监督行政违法行为的种类

①违反渔港管理的行为。

②违反渔业船舶管理的行为。

③违反渔业船员管理的行为。

④违反其他安全管理的行为。

3. 处罚

①拒绝、阻碍渔政渔港监督管理机关工作人员依法执行公务，应当给予治安管理处罚的，由公安机关依照《中华人民共和国治安管理处罚法》有关规定处罚；构成犯罪的，由司法机关依法追究刑事责任。

②当事人对渔政渔港监督管理机关处罚不服的，可在接到处罚通知之日起，60d 内向该渔政渔港监督管理机关所属的渔业行政主管部门申请复议，对复议决定不服的，可以向人民法院提起行政诉讼；当事人也可在接到处罚通知之日起 30d 内直接向人民法院提起行政诉讼。在此期限内当事人既不履行处罚，又不申请复议，也不提起行政诉讼的，处罚机关可申请法院强制执行。但是，在海上的处罚，被查处的渔业船舶应当先执行处罚决定。

七、《中华人民共和国渔业船舶水上安全事故报告和调查处理规定》

加强渔业船舶水上安全管理，规范渔业船舶水上安全事故的报告和调查处理工作，落实渔业船舶水上安全事故责任追究制度，是预防水上安全事故发生必不可少的工作之一。2012 年 12 月 25 日，农业部令 2012 年第 9 号公布了《中华人民共和国渔业船舶水上安全事故报告和调查处理规定》，自 2013 年 2 月 1 日起施行。本规定共 6 章 41 条，包括：总则；事故报告；事故调查；事故处理；调解；附则。

1. 总则

（1）适用范围

①船舶、设施在中华人民共和国渔港水域内发生的水上安全事故。

②在中华人民共和国渔港水域外从事渔业活动的渔业船舶以及渔业船舶之间发生的水上安全事故。

（2）水上安全事故的范围　水上安全事故包括水上生产安全事故和自然灾害事故。

①水上生产安全事故是指因碰撞、风损、触损、火灾、自沉、机械损伤、触电、急性工业中毒、溺水或其他情况造成渔业船舶损坏、沉没或人员伤亡、失踪的事故。

②自然灾害事故是指台风或大风、龙卷风、风暴潮、雷暴、海啸、海冰或其他灾害造成渔业船舶损坏、沉没或人员伤亡、失踪的事故。

（3）渔业船舶水上安全事故的等级

①特别重大事故，指造成 30 人以上死亡、失踪，或 100 人以上重伤（包括急性工业中毒，下同），或 1 亿元以上直接经济损失的事故。

②重大事故，指造成 10 人以上 30 人以下死亡、失踪，或 50 人以上 100 人以下重伤，或 5 000 万元以上 1 亿元以下直接经济损失的事故。

③较大事故，指造成 3 人以上 10 人以下死亡、失踪，或 10 人以上 50 人以下重伤，或 1 000 万元以上 5 000 万元以下直接经济损失的事故。

④一般事故，指造成 3 人以下死亡、失踪，或 10 人以下重伤，或 1 000 万元以下直接经济损失的事故。

（4）渔业船舶水上安全事故的报告及调查处理的机构

①县级以上人民政府渔业行政主管部门及其所属的渔政渔港监督管理机构（以下统称为渔船事故调查机关），负责渔业船舶水上安全事故的报告。

②除特别重大事故外，碰撞、风损、触损、火灾、自沉等水上安全事故，由渔船事故调查机关组织事故调查组按本规定调查处理；机械损伤、触电、急性工业中毒、溺水和其他水上安全事故，经有调查权限的人民政府授权或委托，有关渔船事故调查机关按本规定调查处理。

2. 事故报告

①各级渔船事故调查机关应当建立 24h 应急值班制度，并向社会公布值班电话，受理事故报告。

②发生渔业船舶水上安全事故后，当事人或其他知晓事故发生的人员应当立即向就近渔港或船籍港的渔船事故调查机关报告。

③渔船事故调查机关接到渔业船舶水上安全事故报告后，应当立即核实情况，采取应急处置措施，并按下列规定及时上报事故情况：

a. 特别重大事故、重大事故逐级上报至农业部及相关海区渔政局，由农业部上报国务院，每级上报时间不得超过 1h。

b. 较大事故逐级上报至农业部及相关海区渔政局，每级上报时间不得超过 2h。

c. 一般事故上报至省级渔船事故调查机关，每级上报时间不得超过 2h。

必要时渔船事故调查机关可以越级上报。

渔船事故调查机关在上报事故的同时，应当报告本级人民政府并通报安全生产监督管理等有关部门。

远洋渔业船舶发生水上安全事故，由船舶所属、代理或承租企业向其所在地省级渔船事故调查机关报告，并由省级渔船事故调查机关向农业部报告。中央企业所属远洋渔业船舶发生水上安全事故，由中央企业直接报告农业部。

④渔业船舶发生水上安全事故报告的时限及内容：

a. 应当在进入第一个港口或事故发生后48h内向船籍港渔船事故调查机关提交水上安全事故报告书和必要的文书资料。

b. 船舶、设施在渔港水域内发生水上安全事故，应当在事故发生后24h内向所在渔港渔船事故调查机关提交水上安全事故报告书和必要的文书资料。

c. 水上安全事故报告书应当包括的内容：

——船舶、设施概况和主要性能数据。

——船舶、设施所有人或经营人名称、地址、联系方式，船长及驾驶值班人员、轮机长及轮机值班人员姓名、地址、联系方式。

——事故发生的时间、地点。

——事故发生时的气象、水域情况。

——事故发生详细经过（碰撞事故应附相对运动示意图）。

——受损情况（附船舶、设施受损部位简图），提交报告时难以查清的，应当及时检验后补报。

——已采取的措施和效果。

——船舶、设施沉没的，说明沉没位置。

——其他与事故有关的情况。

3. 事故调查

①渔船事故调查机关调查的权限：

a. 农业部负责调查中央企业所属远洋渔业船舶水上安全事故和由国务院授权调查的特别重大事故，以及应当由农业部调查的渔业船舶与外籍船舶发生的水上安全事故。

b. 省级渔船事故调查机关负责调查重大事故和辖区内企业所属、代理或承租的远洋渔业船舶水上安全较大、一般事故。

c. 市级渔船事故调查机关负责调查较大事故。

d. 县级渔船事故调查机关负责调查一般事故。

②船舶、设施在渔港水域内发生的水上安全事故，由渔港所在地渔船事

故调查机关调查。

渔业船舶在渔港水域外发生的水上安全事故，由船籍港所在地渔船事故调查机关调查。船籍港所在地渔船事故调查机关可以委托事故渔船到达渔港的渔船事故调查机关调查。不同船籍港渔业船舶间发生的事故由共同上一级渔船事故调查机关或其指定的渔船事故调查机关调查。

③渔船事故调查机关的权利：

a. 调查、询问有关人员。

b. 要求被调查人员提供书面材料和证明。

c. 要求当事人提供航海日志、轮机日志、报务日志、海图、船舶资料、航行设备仪器的性能以及其他必要的文书资料。

d. 检查船舶、船员等有关证书，核实事故发生前船舶的适航状况。

e. 核实事故造成的人员伤亡和财产损失情况。

f. 勘查事故现场，搜集有关物证。

g. 使用录音、照相、录像等设备及法律允许的其他手段开展调查。

④水上安全事故调查报告应当包括的内容。渔船事故调查机关应当自接到事故报告之日起 60d 内制作完成水上安全事故调查报告。特殊情况下，经上一级渔船事故调查机关批准，可以延长事故调查报告完成期限，但延长期限不得超过 60d。

水上安全事故调查报告应当包括以下内容：

a. 船舶、设施所有人或经营人名称、地址和联系方式。

b. 事故发生时间、地点、经过、气象、水域、损失等情况。

c. 事故发生原因、类型和性质。

d. 救助及善后处理情况。

e. 事故责任的认定。

f. 要求当事人采取的整改措施。

g. 处理意见或建议。

4. 事故处理

①对渔业船舶水上安全事故负有责任的人员和船舶、设施所有人、经营人，由渔船事故调查机关依据有关法律法规和《中华人民共和国渔业港航监督行政处罚规定》给予行政处罚，并可建议有关部门和单位给予处分。

②根据渔业船舶水上安全事故发生的原因，渔船事故调查机关可以责令有关船舶、设施的所有人、经营人限期加强对所属船舶、设施的安全管理。

对拒不加强安全管理或在期限内达不到安全要求的，渔船事故调查机关有权禁止有关船舶、设施离港，或责令其停航、改航、停止作业，并可依法采取其他必要的强制处置措施。

③渔业船舶水上安全事故当事人和有关人员涉嫌犯罪的，渔船事故调查机关应当依法移送司法机关追究刑事责任。

5. 调解

①渔船事故调查机关开展调解，应当遵循公平自愿的原则。

②因渔业船舶水上安全事故引起的民事纠纷，当事人各方可以在事故发生之日起 30d 内，向负责事故调查的渔船事故调查机关共同书面申请调解。

已向仲裁机构申请仲裁或向人民法院提起诉讼，当事人申请调解的，不予受理。

③经调解达成协议的，当事人各方应当共同签署"调解协议书"，并由渔船事故调查机关签章确认。

④"调解协议书"的内容：

a. 当事人姓名或名称及住所。

b. 法定代表人或代理人姓名及职务。

c. 纠纷主要事实。

d. 事故简况。

e. 当事人责任。

f. 协议内容。

g. 调解协议履行的期限。

⑤已向渔船事故调查机关申请调解的民事纠纷，当事人中途不愿调解的，应当递交终止调解的书面申请，并通知其他当事人。

⑥自受理调解申请之日起 3 个月内，当事人各方未达成调解协议的，渔船事故调查机关应当终止调解，并告知当事人可以向仲裁机构申请仲裁或向人民法院提起诉讼。

八、《中华人民共和国渔业船员管理办法》

为加强渔业船员管理，维护渔业船员合法权益，保障渔业船舶及船上人员的生命财产安全，根据《中华人民共和国船员条例》，2014 年 5 月 4 日农业部第 4 次常务会议审议通过《中华人民共和国渔业船员管理办法》，自2015 年 1 月 1 日起施行。本办法共 8 章 53 条内容，包括；总则；渔业船员任职和发证；渔业船员配员和职责；渔业船员培训和服务；渔业船员职业管理与保障；监督管理；罚则；附则。

1. 渔业船员任职和发证

（1）渔业船员实行持证上岗制度　渔业船员应当按照本办法的规定接受培训，经考试或考核合格，取得相应的渔业船员证书后，方可在渔业船舶上工作。

（2）渔业船员分为职务船员和普通船员　职务船员是负责船舶管理的人员，包括以下五类：

①驾驶人员，职级包括船长、船副、助理船副。

②轮机人员，职级包括轮机长、管轮、助理管轮。

③机驾长。

④电机员。

⑤无线电操作员。

（3）**职务船员证书的分类**　职务船员证书分为海洋渔业职务船员证书和内陆渔业职务船员证书。海洋渔业职务船员证书等级、职级划分为：

①驾驶人员证书：

a. 一级证书：适用于船舶长度 45m 以上的渔业船舶，包括一级船长证书、一级船副证书。

b. 二级证书：适用于船舶长度 24m 以上不足 45m 的渔业船舶，包括二级船长证书、二级船副证书。

c. 三级证书：适用于船舶长度 12m 以上不足 24m 的渔业船舶，包括三级船长证书。

d. 助理船副证书：适用于所有渔业船舶。

②轮机人员证书：

a. 一级证书：适用于主机总功率 750kW 以上的渔业船舶，包括一级轮机长证书、一级管轮证书。

b. 二级证书：适用于主机总功率 250kW 以上不足 750kW 的渔业船舶，包括二级轮机长证书、二级管轮证书。

c. 三级证书：适用于主机总功率 50kW 以上不足 250kW 的渔业船舶，包括三级轮机长证书。

d. 助理管轮证书：适用于所有渔业船舶。

③机驾长证书。适用于船舶长度不足 12m 或者主机总功率不足 50kW

的渔业船舶上，驾驶与轮机岗位合一的船员。

④电机员证书。适用于发电机总功率800kW以上的渔业船舶。

⑤无线电操作员证书。适用于远洋渔业船舶。

普通船员是职务船员以外的其他船员。普通船员证书分为海洋渔业普通船员证书和内陆渔业普通船员证书。

（4）渔业船员培训与考试、考核

①基本安全培训。基本安全培训是指渔业船员都应当接受的任职培训，包括水上求生、船舶消防、急救、应急措施、防止水域污染、渔业安全生产操作规程等内容。

②职务船员培训。职务船员培训是指职务船员应当接受的任职培训，包括拟任岗位所需的专业技术知识、专业技能和法律法规等内容。

③其他培训。其他培训是指远洋渔业专项培训和其他与渔业船舶安全和渔业生产相关的技术、技能、知识、法律法规等培训。

渔业船员考试包括理论考试和实操评估。海洋渔业船员考试大纲由农业部统一制定并公布。渔业船员考核可由渔政渔港监督管理机构根据实际需要和考试大纲，选取适当科目和内容进行。

（5）申请渔业普通船员证书应当具备的条件

①年满16周岁。

②符合渔业船员健康标准。

③经过基本安全培训。

符合以上条件的，由申请者向渔政渔港监督管理机构提出书面申请。渔政渔港监督管理机构应当组织考试或考核，对考试或考核合格的，自考试成绩或考核结果公布之日起10个工作日内发放渔业普通船员证书。

（6）申请渔业职务船员证书应当具备的条件

①持有渔业普通船员证书或下一级相应职务船员证书。

②年龄不超过60周岁，对船舶长度不足12m或者主机总功率不足50kW渔业船舶的职务船员，年龄资格上限可由发证机关根据申请者身体健康状况适当放宽。

③符合任职岗位健康条件要求。

④具备相应的任职资历条件，且任职表现和安全记录良好。

⑤完成相应的职务船员培训，在远洋渔业船舶上工作的驾驶和轮机人员，还应当接受远洋渔业专项培训。

符合以上条件的，由申请者向渔政渔港监督管理机构提出书面申请。渔政渔港监督管理机构应当组织考试或考核，对考试或考核合格的，自考试成绩或考核结果公布之日起 10 个工作日内发放相应的渔业职务船员证书。

（7）渔业船员证书的有效期不超过 5 年　证书有效期满，持证人需要继续从事相应工作的，应当向有相应管理权限的渔政渔港监督管理机构申请换发证书。渔政渔港监督管理机构可以根据实际需要和职务知识技能更新情况组织考核，对考核合格的，换发相应渔业船员证书。

2. 渔业船员配员

①海洋渔业船舶职务船员最低配员标准见表 2-1。

表 2-1　海洋渔业船舶职务船员最低配员标准

船舶类型	职务船员最低配员标准		
长度≥45m 远洋渔业船舶	一级船长	一级船副	助理船副 2 名
长度≥45m 非远洋渔业船舶	一级船长	一级船副	助理船副
36m≤长度＜45m	二级船长	二级船副	助理船副
24m≤长度＜36m	二级船长	二级船副	
12m≤长度＜24m	三级船长	助理船副	
主机总功率≥3 000kW	一级轮机长	一级管轮	助理管轮 2 名
750kW≤主机总功率＜3 000kW	一级轮机长	一级管轮	助理管轮
450kW≤主机总功率＜750kW	二级轮机长	二级管轮	助理管轮
250kW≤主机总功率＜450kW	二级轮机长	二级管轮	
50kW≤主机总功率＜250kW	三级轮机长		
船舶长度不足 12m 或者主机总功率 不足 50kW	机驾长		
发电机总功率 800kW 以上	电机员，可由持有电机员证书的轮机人员兼任		
远洋渔业船舶	无线电操作员，可由持有全球海上遇险和安全系统 （GMDSS）无线电操作员证书的驾驶人员兼任		

注：省级人民政府渔业行政主管部门可参照以上标准，根据本地情况，对船长不足 24m 渔业船舶的驾驶人员和主机总功率不足 250kW 渔业船舶的轮机人员配备标准进行适当调整，报农业部备案。

②中国籍渔业船舶的船员应当由中国籍公民担任。确需由外国籍公民担任的，应当持有所属国政府签发的相关身份证件，在我国依法取得就业许

可，并按本办法的规定取得渔业船员证书。持有《1995 年国际渔业船舶船员培训、发证和值班标准公约》缔约国签发的外国职务船员证书的，应当按照国家有关规定取得承认签证。承认签证的有效期不得超过被承认职务船员证书的有效期，当被承认职务船员证书失效时，相应的承认签证自动失效。

外国籍船员不得担任驾驶人员和无线电操作员，人数不得超过船员总数的 30%。

3. 渔业船员职业管理与保障

①渔业船舶所有人或经营人应当依法与渔业船员订立劳动合同。渔业船舶所有人或经营人，不得招用未持有相应有效渔业船员证书的人员上船工作。

②渔业船舶所有人或经营人应当依法为渔业船员办理保险。

③渔业船舶所有人或经营人应当保障渔业船员的生活和工作场所符合《渔业船舶法定检验规则》对船员生活环境、作业安全和防护的要求，并为船员提供必要的船上生活用品、防护用品、医疗用品，建立船员健康档案，为船员定期进行健康检查和心理辅导，防治职业疾病。

④渔业船员在船上工作期间受伤或者患病的，渔业船舶所有人或经营人应当及时给予救治；渔业船员失踪或者死亡的，渔业船舶所有人或经营人应当及时做好善后工作。

⑤渔业船舶所有人或经营人是渔业安全生产的第一责任人，应当保证安全生产所需的资金投入，建立健全安全生产责任制，按照规定配备船员和安全设备，确保渔业船舶符合安全适航条件，并保证船员足够的休息时间。

4. 监督管理

①渔政渔港监督管理机构应当健全渔业船员管理及监督检查制度，建立渔业船员档案，督促渔业船舶所有人或经营人完善船员安全保障制度，落实相应的保障措施。

②渔政渔港监督管理机构应当依法对渔业船员持证情况、任职资格和资历、履职情况、安全记录，船员培训机构培训质量，船员服务机构诚实守信情况等进行监督检查，必要时可对船员进行现场考核。

渔政渔港监督管理机构依法实施监督检查时，船员、渔业船舶所有人和经营人、船员培训机构和服务机构应当予以配合，如实提供证书、材料及相关情况。

③渔业船员违反有关法律、法规、规章的，除依法给予行政处罚外，各省级人民政府渔业行政主管部门可根据本地实际情况实行累计记分制度。

第三节 海洋环境保护法律法规

一、《中华人民共和国海洋环境保护法》

我国政府对海洋环境保护高度重视，1982年颁布了《中华人民共和国海洋环境保护法》，1999年第九届全国人民代表大会常务委员会第十三次会议修订了《中华人民共和国海洋环境保护法》，并于2000年4月1日起施行。该法对海洋环境保护管理的分工更加明确，强调了对海洋生态的保护，确立了一些新的环境保护管理制度，如海洋环境监测和监测信息管理制度、海洋污染事故应急制度、现场检查制度、船舶油污保险和油污损害赔偿基金制度等，并与《联合国海洋法公约》《国际油污损害民事责任公约》等国际海洋法律确定的制度接轨。

2013年12月，第十二届全国人民代表大会常务委员会第六次会议对《中华人民共和国海洋环境保护法》部分条款做出修改。2016年11月7日第十二届全国人民代表大会常务委员会第二十四次会议通过了《关于修改〈中华人民共和国海洋环境保护法〉的决定》。

修订后的《中华人民共和国海洋环境保护法》共10章98条。其中第八章涉及船舶及有关作业活动对海洋环境的污染损害防治。《中华人民共和国海洋环境保护法》适用于中华人民共和国内水、领海、毗连区、专属经济区、大陆架以及中华人民共和国管辖的其他海域。在中华人民共和国管辖海域以外，造成中华人民共和国管辖海域污染的，也适用本法。在中华人民共和国管辖海域内从事航行、勘探、开发、生产、旅游、科学研究及其他活动，或者在沿海陆域内从事影响海洋环境活动的任何单位和个人，都必须遵守本法。

1. 海洋环境保护管理体制

《中华人民共和国海洋环境保护法》明确了国务院环境保护行政主管部门、国家海洋行政主管部门、国家海事行政主管部门、国家渔业行政主管部门、军队环境保护部门以及沿海县级以上地方人民政府的职责。其中国家海事行政主管部门负责所辖港区水域内非军事船舶和港区水域外非渔业、非军事船舶污染海洋环境的监督管理，并负责污染事故的调查处理；对在中华人民共和国管辖海域航行、停泊和作业的外国籍船舶造成的污染事故登轮检查处理。船舶污染事故给渔业造成损害的，应当吸收渔业行政主管部门参与调查处理。国家渔业行政主管部门负责渔港水域内非军事船舶和渔港水域外渔业船舶污染海洋环境的监督管理，负责保护渔业水域生态环境工作，并调查处理海洋环境污染事故以外的渔业污染事故。

2. 海上污染事故应急计划

《中华人民共和国海洋环境保护法》明确了国家根据防止海洋环境污染的需要，制定国家重大海上污染事故应急计划。国家海洋行政主管部门负责制定全国海洋石油勘探开发重大海上溢油应急计划，报国务院环境保护行政主管部门备案。国家海事行政主管部门负责制定全国船舶重大海上溢油污染事故应急计划，报国务院环境保护行政主管部门备案。沿海可能发生重大海洋环境污染事故的单位，应当依照国家的规定，制订污染事故应急计划，并向当地环境保护行政主管部门、海洋行政主管部门备案。沿海县级以上地方人民政府及其有关部门在发生重大海上污染事故时，必须按照应急计划解除或者减轻危害。

3. 防治陆源污染物对海洋环境的污染损害

《中华人民共和国海洋环境保护法》规定：海域排放陆源污染物，必须严格执行国家或者地方规定的标准和有关规定。入海排污口位置的选择，应当根据海洋功能区划、海水动力条件和有关规定，经科学论证后，报设区的市级以上人民政府环境保护行政主管部门审查批准。环境保护行政主管部门在批准设置入海排污口之前，必须征求海洋、海事、渔业行政主管部门和军队环境保护部门的意见。在海洋自然保护区、重要渔业水域、海滨风景名胜区和其他需要特别保护的区域，不得新建排污口。

4. 防治海岸工程建设项目对海洋环境的污染损害

《中华人民共和国海洋环境保护法》规定：海岸工程建设项目单位，必须对海洋环境进行科学调查，根据自然条件和社会条件，合理选址，编报环境影响报告书（表）。在建设项目开工前，将环境影响报告书（表）报环境保护行政主管部门审查批准。环境保护行政主管部门在批准环境影响报告书（表）之前，必须征求海洋、海事、渔业行政主管部门和军队环境保护部门的意见。

5. 防治海洋工程建设项目对海洋环境的污染损害

《中华人民共和国海洋环境保护法》规定：海洋工程建设项目必须符合

海洋功能区、海洋环境保护规划和国家有关环境保护标准。海洋工程建设项目单位应当对海洋环境进行科学调查，编制海洋环境影响报告书（表），并在建设项目开工前，报海洋行政主管部门审查批准。海洋行政主管部门在批准海洋环境影响报告书（表）之前，必须征求海事、渔业行政主管部门和军队环境保护部门的意见。

海洋工程建设项目的环境保护设施，必须与主体工程同时设计、同时施工、同时投产使用。环境保护设施未经海洋行政主管部门验收，或者经验收不合格的，建设项目不得投入生产或者使用。

勘探开发海洋石油，必须按有关规定编制溢油应急计划，报国家海洋行政主管部门的海区派出机构备案。

6. 防治倾倒废弃物对海洋环境的污染损害

《中华人民共和国海洋环境保护法》规定：任何单位未经国家海洋行政主管部门批准，不得向中华人民共和国管辖海域倾倒任何废弃物。需要倾倒废弃物的单位，必须向国家海洋行政主管部门提出书面申请，经国家海洋行政主管部门审查批准，发给许可证后，方可倾倒。

获准倾倒废弃物的单位，必须按照许可证注明的期限及条件，到指定的区域进行倾倒。废弃物装载之后，批准部门应当予以核实。获准倾倒废弃物的单位，应当详细记录倾倒的情况，并在倾倒后向批准部门做出书面报告。倾倒废弃物的船舶必须向驶出港的海事行政主管部门做出书面报告。

7. 防治船舶及有关作业活动对海洋环境的污染损害

①在中华人民共和国管辖海域，任何船舶及相关作业不得违反本法规定向海洋排放污染物、废弃物和压载水、船舶垃圾及其他有害物质。从事船舶污染物、废弃物、船舶垃圾接收、船舶清舱与洗舱作业活动的，必须具备相应的接收处理能力。

②船舶必须按照有关规定持有防止海洋环境污染的证书与文书，在进行涉及污染物排放及操作时，应当如实记录。

③船舶必须配置相应的防污设备和器材。载运具有污染危害性货物的船舶，其结构与设备应当能够防止或者减轻所载货物对海洋环境的污染。

④船舶应当遵守海上交通安全法律、法规的规定，防止因碰撞、触礁、搁浅、火灾或者爆炸等引起的海难事故，造成海洋环境的污染。

⑤国家完善并实施船舶油污损害民事赔偿责任制度。按照船舶油污损害赔偿责任由船东和货主共同承担风险的原则，建立船舶油污保险、油污损害

赔偿基金制度。实施船舶油污保险、油污损害赔偿基金制度的具体办法由国务院规定。

⑥载运具有污染危害性货物进出港口的船舶，其承运人、货物所有人或者代理人，必须事先向海事行政主管部门申报。经批准后，方可进出港口、过境停留或者装卸作业。交付船舶装运污染危害性货物的单证、包装、标志、数量限制等，必须符合对所装货物的有关规定。需要船舶装运污染危害性不明的货物，应当按照有关规定事先进行评估。装卸油类及有毒有害货物的作业，船岸双方必须遵守安全防污操作规程。

⑦港口、码头、装卸站和船舶修造厂必须按照有关规定备有足够的用于处理船舶污染物、废弃物的接收设施，并使该设施处于良好状态。装卸油类的港口、码头、装卸站和船舶必须编制溢油污染应急计划，并配备相应的溢油污染应急设备和器材。

⑧船舶进行散装液体污染危害性货物的过驳作业，应当事先按照有关规定报经海事行政主管部门批准。

⑨船舶发生海难事故，造成或者可能造成海洋环境重大污染损害的，国家海事行政主管部门有权强制采取避免或者减少污染损害的措施。对在公海上因发生海难事故，造成中华人民共和国管辖海域重大污染损害后果或者具有污染威胁的船舶、海上设施，国家海事行政主管部门有权采取与实际的或者可能发生的损害相称的必要措施。

⑩所有船舶均有监视海上污染的义务，在发现海上污染事故或者违反本法规定的行为时，必须立即向就近的依照本法规定行使海洋环境监督管理权的部门报告。民用航空器发现海上排污或者污染事件，必须及时向就近的民用航空空中交通管制单位报告。接到报告的单位，应当立即向依照本法规定行使海洋环境监督管理权的部门通报。

8. 法律责任

对违反《中华人民共和国海洋环境保护法》各类规定的行为，海洋环境监督管理部门有权责令停止违法行为、限期改正或者责令采取限制生产、停产整治等措施，并处以罚款；拒不改正的，依法做出处罚决定的部门可以自责令改正之日的次日起，按照原罚款数额按日连续处罚；情节严重的，报经有批准权的人民政府批准，责令停业、关闭。海洋环境监督管理人员滥用职权、玩忽职守、徇私舞弊，造成海洋环境污染损害的，依法给予行政处分；构成犯罪的，依法追究刑事责任。

二、《中华人民共和国防治船舶污染海洋环境管理条例》

1983 年 12 月 29 日国务院颁布了《中华人民共和国防止船舶污染海域管理条例》。该条例实施以来，随着国内航运事业的飞速发展，海上船舶运输及有关作业活动明显增加，其间国际海事组织出台了一系列加强防止船舶污染海洋环境的国际公约，全国人大常委会也根据我国保护海洋环境的实际需要修改了 1982 年出台的《中华人民共和国海洋环境保护法》，因此国务院相应地开展了对 1983 年条例的修订工作。2009 年 9 月 2 日国务院第七十九次常务会议审议并通过了《中华人民共和国防治船舶污染海洋环境管理条例》（国务院令第 561 号）（以下简称条例），自 2010 年 3 月 1 日起施行。1983 年出台的《中华人民共和国防止船舶污染海域管理条例》同时废止。

条例共 9 章 76 条。包括：总则；防治船舶及其有关作业活动对污染海洋环境的一般规定；船舶污染物的排放和接收；船舶有关作业活动的污染防治；船舶污染事故应急处置；船舶污染事故调查处理；船舶污染事故损害赔偿；法律责任；附则。

1. 总则

（1）制定目的和适用范围　制定本条例的目的是防治船舶及其有关作业活动污染海洋环境。制定本条例的依据是《中华人民共和国海洋环境保护法》。防治船舶及其有关作业活动污染海洋环境的原则是预防为主、防治结合。

在中华人民共和国管辖海域内从事航行、勘探、开发、生产、旅游、科学研究及其他活动，或者在沿海陆域内从事影响海洋环境活动的任何单位和个人以及在中华人民共和国管辖海域以外，造成中华人民共和国管辖海域污染的，都必须遵守本条例。

（2）主管机关　国务院交通运输主管部门主管所辖港区水域内非军事船舶和港区水域外非渔业、非军事船舶污染海洋环境的防治工作。

县级以上人民政府渔业主管部门负责渔港水域内非军事船舶和渔港水域外渔业船舶污染海洋环境的监督管理，负责保护渔业水域生态环境工作，负责调查处理《中华人民共和国海洋环境保护法》第五条第四款规定的渔业污染事故，即"国家渔业行政主管部门负责渔港水域内非军事船舶和渔港水域外渔业船舶污染海洋环境的监督管理，负责保护渔业水域生态环境工作，并调查处理前款规定的污染事故以外的渔业污染事故"。

2. 防治船舶及其有关作业活动污染海洋环境的一般规定

（1）关于船舶的结构、设备、器材以及防治船舶污染海洋环境的证书、文书的规定　船舶的结构、设备、器材应当符合国家有关防治船舶污染海洋环境的技术规范以及中华人民共和国缔结或者参加的国际条约的要求。

船舶应当依照法律、行政法规、国务院交通运输主管部门的规定以及中华人民共和国缔结或者参加的国际条约的要求，取得并随船携带相应的防治船舶污染海洋环境的证书、文书。

（2）对船舶的所有人、经营人或者管理人的规定　中国籍船舶的所有人、经营人或者管理人应当按照国务院交通运输主管部门的规定，建立健全安全营运和防治船舶污染管理体系。海事管理机构应当对安全营运和防治船舶污染管理体系进行审核，审核合格的，发给符合证明和相应的船舶安全管理证书。

（3）港口、码头、装卸站以及从事船舶修造的单位的规定　港口、码头、装卸站以及从事船舶修造的单位应当配备与其装卸货物种类和吞吐能力或者修造船舶能力相适应的污染监视设施和污染物接收设施，并使其处于良好状态。制定有关安全营运和防治污染的管理制度，按照国家有关防治船舶及其有关作业活动污染海洋环境的规范和标准，配备相应的防治污染设备和器材，并通过海事管理机构的专项验收。船舶所有人、经营人或者管理人以及有关作业单位应当制定防治船舶及其有关作业活动污染海洋环境的应急预案。

3. 船舶污染物的排放和接收

（1）对船舶排放污染物的规定　船舶在中华人民共和国管辖海域向海洋排放的船舶垃圾、生活污水、含油污水、含有毒有害物质污水、废气等污染物以及压载水，应当符合法律、行政法规、中华人民共和国缔结或者参加的国际条约以及相关标准的要求。

船舶应当将不符合前款规定的排放要求的污染物排入港口接收设施或者由船舶污染物接收单位接收。船舶不得向依法划定的海洋自然保护区、海滨风景名胜区、重要渔业水域以及其他需要特别保护的海域排放船舶污染物。

（2）对船舶处置污染物及船舶污染物接收单位的规定　船舶处置污染物，应当在相应的记录簿内如实记录。将使用完毕的船舶垃圾记录簿在船舶上保留2年；将使用完毕的含油污水、含有毒有害物质污水记录簿在船舶上保留3年。

船舶污染物接收单位从事船舶垃圾、残油、含油污水、含有毒有害物质污水接收作业，应当依法经海事管理机构批准。船舶污染物接收单位接收船舶污染物，应当向船舶出具污染物接收单证，并由船长签字确认。船舶污染物接收单位应当按照国家有关污染物处理的规定处理接收的船舶污染物，并每月将船舶污染物的接收和处理情况报海事管理机构备案。

4. 船舶有关作业活动的污染防治

（1）防治船舶有关作业活动造成污染的原则性规定　从事船舶清舱，洗舱，油料供受，装卸，过驳，修造，打捞，拆解，污染危害性货物装箱、充罐，污染清除作业以及利用船舶进行水上水下施工等作业活动的，应当遵守相关操作规程，操作人员应当具备相关安全和防治污染的专业知识与技能，并采取必要的安全和防治污染的措施。

（2）船舶载运污染危害性货物的规定　载运污染危害性货物进出港口的船舶，其承运人、货物所有人或者代理人，应当向海事管理机构提出申请，经批准方可进出港口、过境停留或者进行装卸作业。载运污染危害性货物的船舶，应当在海事管理机构公布的具有相应安全装卸和污染物处理能力的码头、装卸站进行装卸作业。货物所有人或者代理人交付船舶载运污染危害性货物，应当确保货物的包装与标志等符合有关安全和防治污染的规定，并在运输单证上准确注明货物的技术名称、编号、类别（性质）、数量、注意事项和应急措施等内容。

（3）船舶油料供受作业的规定　获得船舶油料供受作业资质的单位，应当向海事管理机构备案。海事管理机构应当对船舶油料供受作业进行监督检查，发现不符合安全和防治污染要求的，应当予以制止。船舶燃油供给单位应当如实填写燃油供受单证，并向船舶提供船舶燃油供受单证和燃油样品。船舶和船舶燃油供给单位应当将燃油供受单证保存3年，并将燃油样品妥善保存1年。

（4）船舶修造、水上拆解的地点的规定　船舶修造、水上拆解的地点应当符合环境功能区划和海洋功能区划，并由海事管理机构征求当地环境保护主管部门和海洋主管部门意见后确定并公布。从事船舶拆解的单位在船舶拆解作业前，应当对船舶上的残余物和废弃物进行处置，将油舱（柜）中的存油驳出，进行船舶清舱、洗舱、测爆等工作，并经海事管理机构检查合格，方可进行船舶拆解作业。从事船舶拆解的单位应当及时清理船舶拆解现场，并按照国家有关规定处理船舶拆解产生的污染物。禁止采取冲滩方式进行船舶拆解作业。

5. 船舶污染事故应急处置

（1）船舶污染事故及其等级划分　船舶污染事故是指船舶及其有关作业活动发生油类、油性混合物和其他有毒有害物质泄漏造成的海洋环境污染事故。

船舶污染事故分为以下等级：

①特别重大船舶污染事故，是指船舶溢油1 000t（吨）以上，或者造成直接经济损失2亿元以上的船舶污染事故。

②重大船舶污染事故，是指船舶溢油500t以上不足1 000t，或者造成直接经济损失1亿元以上不足2亿元的船舶污染事故。

③较大船舶污染事故，是指船舶溢油100t以上不足500t，或者造成直接经济损失5 000万元以上不足1亿元的船舶污染事故。

④一般船舶污染事故，是指船舶溢油不足100t，或者造成直接经济损失不足5 000万元的船舶污染事故。

（2）船舶污染事故应急与报告　船舶在中华人民共和国管辖海域发生污染事故，或者在中华人民共和国管辖海域外发生污染事故造成或者可能造成中华人民共和国管辖海域污染的，应当立即启动相应的应急预案，采取措施控制和消除污染，并就近向有关海事管理机构报告。发现船舶及其有关作业活动可能对海洋环境造成污染的，船舶、码头、装卸站应当立即采取相应的应急处置措施，并就近向有关海事管理机构报告。接到报告的海事管理机构应当立即核实有关情况，并向上级海事管理机构或者国务院交通运输主管部门报告，同时报告有关沿海设区的市级以上地方人民政府。

船舶污染事故报告应当包括下列内容：

①船舶的名称、国籍、呼号或者编号。

②船舶所有人、经营人或者管理人的名称、地址。

③发生事故的时间、地点以及相关气象和水文情况。

④事故原因或者事故原因的初步判断。

⑤船舶上污染物的种类、数量、装载位置等概况。

⑥污染程度。

⑦已经采取或者准备采取的污染控制、清除措施和污染控制情况以及救助要求。

⑧国务院交通运输主管部门规定应当报告的其他事项。

（3）**船舶污染事故应急指挥机构**　发生特别重大船舶污染事故，国务院或者国务院授权国务院交通运输主管部门成立事故应急指挥机构。

发生重大船舶污染事故，有关省、自治区、直辖市人民政府应当会同海事管理机构成立事故应急指挥机构。

发生较大船舶污染事故和一般船舶污染事故，有关设区的市级人民政府应当会同海事管理机构成立事故应急指挥机构。

有关部门、单位应当在事故应急指挥机构统一组织和指挥下，按照应急预案的分工，开展相应的应急处置工作。

（4）**船舶污染事故处置规定**　船舶发生事故有沉没危险，船员离船前，应当尽可能关闭所有货舱（柜）、油舱（柜）管系的阀门，堵塞货舱（柜）、油舱（柜）通气孔。

船舶沉没的，船舶所有人、经营人或者管理人应当及时向海事管理机构报告船舶燃油、污染危害性货物以及其他污染物的性质、数量、种类、装载位置等情况，并及时采取措施予以清除。发生船舶污染事故或者船舶沉没，可能造成中华人民共和国管辖海域污染的，有关沿海设区的市级以上地方人民政府、海事管理机构根据应急处置的需要，可以征用有关单位或者个人的船舶和防治污染设施、设备、器材以及其他物资，有关单位和个人应当予以配合。

被征用的船舶和防治污染设施、设备、器材以及其他物资使用完毕或者应急处置工作结束，应当及时返还。船舶和防治污染设施、设备、器材以及其他物资被征用或者征用后毁损、灭失的，应当给予补偿。发生船舶污染事故，海事管理机构可以采取清除、打捞、拖航、引航、过驳等必要措施，减轻污染损害。相关费用由造成海洋环境污染的船舶、有关作业单位承担。

6. 船舶污染事故调查处理

条例规定了船舶污染事故调查的组织部门，调查应遵循的原则以及调查机关的权力等。

（1）**关于船舶污染事故调查部门的规定**　船舶污染事故的调查处理依照下列规定进行：

①特别重大船舶污染事故由国务院或者国务院授权国务院交通运输主管部门等部门组织事故调查处理。

②重大船舶污染事故由国家海事管理机构组织事故调查处理。

③较大船舶污染事故和一般船舶污染事故由事故发生地的海事管理机构

组织事故调查处理。

　　船舶污染事故给渔业造成损害的，应当吸收渔业主管部门参与调查处理；给军事港口水域造成损害的，应当吸收军队有关主管部门参与调查处理。

　　（2）船舶污染事故调查处理的有关规定　发生船舶污染事故，组织事故调查处理的机关或者海事管理机构应当及时、客观、公正地开展事故调查，勘验事故现场，检查相关船舶，询问相关人员，搜集证据，查明事故原因。

　　根据条例规定，船舶污染事故调查处理人员在进行事故调查时，有权进行以下工作：

　　①询问有关当事人，以及证人、目击者。

　　②要求被检查人员提供书面材料和证明。

　　③查阅航海日志、轮机日志、车钟记录、海图、船舶资料、设备仪器的性能资料及其他调查所必需的原始文书资料，复印或复制上述资料，并要求当事人签字确认。

　　④检查船舶、设施及有关设备的证书、人员证书。

　　⑤勘察事故现场，搜集有关物证。

　　⑥可以使用录音、照相、录像等设备和其他法律允许的调查手段。

　　⑦对水面溢油或其他污染物以及船舶相关处所，按照采样程序进行样品采集、封存，以备检验。

　　⑧根据事故调查处理的需要，可以暂扣相应的证书、文书、资料；必要时，可以禁止船舶驶离港口或者责令停航、改航、停止作业直至暂扣船舶。

　　（3）事故认定书　组织事故调查处理的机关或者海事管理机构应当自事故调查结束之日起20个工作日内制作事故认定书，并送达当事人。事故认定书应当载明事故基本情况、事故原因和事故责任。

　　7. 船舶污染事故损害赔偿

　　①造成海洋环境污染损害的责任者，应当排除危害，并赔偿损失；完全由于第三者的故意或者过失，造成海洋环境污染损害的，由第三者排除危害，并承担赔偿责任。

　　完全属于下列情形之一，经过及时采取合理措施，仍然不能避免对海洋环境造成污染损害的，免予承担责任：

　　a. 战争。

　　b. 不可抗拒的自然灾害。

c. 负责灯塔或者其他助航设备的主管部门，在执行职责时的疏忽，或者其他过失行为。

②船舶污染事故的赔偿限额的规定。船舶污染事故的赔偿限额依照《中华人民共和国海商法》关于海事赔偿责任限制的规定执行。但是，船舶载运的散装持久性油类物质造成中华人民共和国管辖海域污染的，赔偿限额依照中华人民共和国缔结或者参加的有关国际条约的规定执行。

在中华人民共和国管辖海域内航行的船舶，其所有人应当按照国务院交通运输主管部门的规定，投保船舶油污损害民事责任保险或者取得相应的财务担保。但是，1 000GT 以下载运非油类物质的船舶除外。

船舶所有人投保船舶油污损害民事责任保险或者取得的财务担保的额度应当不低于《中华人民共和国海商法》、中华人民共和国缔结或者参加的有关国际条约规定的油污赔偿限额。

发生船舶油污事故，国家组织有关单位进行应急处置、清除污染所发生的必要费用，应当在船舶油污损害赔偿中优先受偿。

对船舶污染事故损害赔偿的争议，当事人可以请求海事管理机构调解，也可以向仲裁机构申请仲裁或者向人民法院提起民事诉讼。

思考题

1. 《中华人民共和国渔业法》的立法目的及我国渔业生产方针是什么？
2. 《中华人民共和国渔业法》关于捕捞许可证发放的权限有何规定？
3. 根据《中华人民共和国渔业法》的规定，采取哪些措施以达到保护渔业资源的目的？
4. 《中华人民共和国水生野生动物保护实施条例》对水生野生动物保护有何规定？
5. 海洋捕捞作业场所有哪些类型？
6. 我国渔业捕捞许可证有哪些种类？
7. 什么是船网工具控制指标？
8. 根据《中华人民共和国海上交通安全法》，发生或发现哪些情况应迅速报告主管机关？
9. 《中华人民共和国海上交通安全法》对船舶上的人员有何规定？
10. 《中华人民共和国渔港水域交通安全管理条例》的适用范围及主管

机关是什么？

11. 什么是渔港和渔港水域？

12. 什么是初次检验、营运检验和临时检验？

13. 船舶有哪些情形之一，应向渔业船舶检验机构申请注销其渔业船舶检验证书？

14. 为什么要进行船舶登记？

15. 什么情况应办理船舶注销登记？

16. 什么是船舶签证？哪些船舶可免于签证？

17. 进出渔港的船舶须符合哪些条件，方能办理签证？

18. 根据《中华人民共和国渔业港航监督行政处罚规定》，哪些情形应加重处罚？

19. 什么是水上生产安全事故和自然灾害事故？

20. 水上安全事故报告书应当包括的内容有哪些？

21. 根据《中华人民共和国渔业船员管理办法》，渔业船员培训有哪些种类？

22. 申请渔业职务船员证书应当具备什么条件？

23. 《中华人民共和国渔业船员管理办法》对渔业船员职业管理与保障有何规定？

24. 简述我国有哪些海洋环境保护管理体制。

25. 简述《中华人民共和国海洋环境保护法》的适用范围。

26. 《中华人民共和国防治船舶污染海洋环境管理条例》对船舶排放污染物有何规定？

27. 船舶污染事故报告应当包括哪些内容？

28. 《中华人民共和国防治船舶污染海洋环境管理条例》对船舶污染事故损害赔偿是如何规定的？

第三章　渔业资源保护制度

本章要点：重点掌握休渔期制度的休渔海域和休渔时间、海洋捕捞准用渔具和过渡渔具最小网目尺寸制度的有关规定，了解水产种质资源保护区管理的概念、作用及管理规定。

随着我国海洋渔业的不断发展，海洋渔业资源衰退严重，社会各界对加强海洋渔业资源保护的要求和呼声不断提高，我国政府制定了相关的渔业资源保护制度，这些制度的实施有利于渔业资源的保护和恢复，有利于渔业生态的改善，提高了社会各界保护海洋渔业资源的意识，有效地缓解了我国海洋渔业资源的衰退，对渔业的持续、稳定和健康发展起到了重要作用。

第一节　休渔期制度

夏季是海洋主要经济鱼类繁育和幼鱼生长的重要时期。农业部自 1995 年开始实行了伏季休渔制度，经过数次调整和完善，已经成为我国最重要和最具影响力的渔业资源养护管理制度。多年来的实践证明，伏季休渔保护了主要经济鱼类的亲体和幼鱼资源，使海洋渔业资源得到休养生息，取得了良好的生态效益、经济效益和社会效益。

一、休渔期制度的概念、发展及作用

1. 休渔期概念

休渔期就是禁渔期，是国家为了渔业的可持续发展，根据水生资源的生长、繁殖季节习性等，在鱼类的繁殖、幼苗生长时期内暂停捕鱼，用以保护资源的时期。因为休渔期基本处于每年的三伏季节，所以又称伏季休渔。

海洋伏季休渔制度是养护海洋生物资源、建设海洋生态文明、促进海洋渔业可持续发展的重要举措，是满足沿海捕捞渔民生计需要和实现渔区社会

稳定的重要制度保证。

2. 休渔期制度的发展

我国自 1995 年开始，在黄渤海、东海海域实行全面伏季休渔制度。从 1999 年开始，南海海域也实施了伏季休渔制度。也就是说，到目前为止，我国在黄渤海、东海、南海海域都实行了全面的伏季休渔制度。三大海区连续实行伏季休渔制度，对缓解过多渔船和过大捕捞强度对渔业资源造成的巨大压力，遏制海洋渔业资源衰退势头，增加主要经济鱼类的资源量，起到了重要的作用。

3. 休渔期制度的作用

渔业资源是可再生的资源，但过度捕捞会造成渔业资源的枯竭，造成渔业生产的崩溃。20 世纪 80 年代中期至 90 年代中期，中国海洋捕捞渔业迅速发展，致使捕捞强度远远超过了资源的再生能力，渔业资源的开发利用呈现出过度状态，渔业资源严重衰退，主要经济鱼类资源大量减少，海洋渔业出现效益下降、渔船停产、渔民收入下降等问题，严重影响了渔区经济的发展和社会的安定。

为了保护渔业资源和渔民的长远利益，政府和渔业行政主管部门采取了许多渔业资源养护及管理措施，如建立禁渔区和禁渔期、控制捕捞强度、进行作业结构调整等，这些措施对于保护渔业资源发挥了重要的作用。在这些措施中，伏季休渔制度是一项重要的、有效保护渔业资源的措施，有利于渔业资源的保护和恢复，有利于渔业生态的改善，有利于渔民的长远利益，有利于促进渔业的持续、稳定、健康发展。

二、休渔期有关规定

自 1995 年实施以来，休渔期制度取得了良好的生态、经济和社会效益，成为我国辐射范围最大、影响程度最深、国际社会评价最高的保护举措。20 多年来，随着渔业资源保护形势的变化和管理需要，农业部对这一制度不断进行完善。经组织有关专家研究，多方征求意见并开展专题座谈，本着相对统一、适度延长、统筹兼顾、分步到位的原则，农业部于 2017 年 1 月 19 日重新公布《农业部关于调整海洋伏季休渔制度的通告》，调整后的伏季休渔规定，自通告公布之日起施行。

1. 休渔海域

渤海、黄海、东海及北纬 12°以北的南海（含北部湾）海域。

2. 休渔作业类型

除钓具外的所有作业类型。为捕捞渔船配套服务的捕捞辅助船同步休渔。

3. 休渔时间

①北纬 35°以北的渤海和黄海海域为 5 月 1 日 12 时至 9 月 1 日 12 时。

②北纬 26°30′至 35°之间的黄海和东海海域为 5 月 1 日 12 时至 9 月 16 日 12 时；北纬 26°30′至"闽粤海域交界线"的东海海域为 5 月 1 日 12 时至 8 月 16 日 12 时。在上述海域范围内，桁杆拖虾、笼壶类、刺网和灯光围（敷）网休渔时间为 5 月 1 日 12 时至 8 月 1 日 12 时。

③北纬 12°至"闽粤海域交界线"的南海海域（含北部湾）为 5 月 1 日 12 时至 8 月 16 日 12 时。

④定置作业休渔时间不少于 3 个月，具体时间由沿海各省、自治区、直辖市渔业主管部门确定，报农业部备案。

⑤特殊经济品种可执行专项捕捞许可制度，具体品种、作业时间、作业类型、作业海域由沿海各省、自治区、直辖市渔业主管部门报农业部批准后执行。

⑥沿海各省、自治区、直辖市渔业主管部门可以根据本地实际，在国家规定基础上制定更加严格的资源保护措施。

⑦ "闽粤海域交界线"是指福建省和广东省间海域管理区域界线以及该线远岸端（东经 117°31′37.40″，北纬 23°09′42.60″）与台湾岛南端鹅銮鼻灯塔（东经 120°50′43″，北纬 21°54′15″）连线。

第二节　海洋捕捞准用渔具和过渡渔具
最小网目尺寸制度

2013 年年底，农业部为了加强捕捞渔具的管理，巩固清理整治违规渔具专项行动的成果，保护海洋渔业资源，根据《中华人民共和国渔业法》《渤海生物资源养护规定》和《中国水生生物资源养护行动纲要》，决定实施海洋捕捞准用渔具和过渡渔具最小网目尺寸制度。

一、实行时间和范围

自 2014 年 6 月 1 日起，黄渤海、东海、南海三个海区全面实施海洋捕捞准用渔具和过渡渔具最小网目尺寸制度，有关最小网目尺寸标准详见

表 3-1、表 3-2，最小网目（或网囊）尺寸单位为 mm（毫米）。

二、主要内容

根据现有科研基础和捕捞生产实际，海洋捕捞渔具最小网目尺寸制度分为准用渔具和过渡渔具两大类。准用渔具是国家允许使用的海洋捕捞渔具，过渡渔具将根据保护海洋渔业资源的需要，今后分别转为准用或禁用渔具，并予以公告。

主捕种类为颚针鱼、青鳞鱼、梅童鱼、凤尾鱼、多鳞鱚、少鳞鱚、银鱼、小公鱼等鱼种的刺网作业，由各省（自治区、直辖市）渔业行政主管部门根据确定的最小网目尺寸标准实行特许作业，限定具体作业时间、作业区域。拖网主捕种类为鳀鱼，张网主捕种类为毛虾和鳗苗，围网主捕种类为青鳞鱼、前鳞骨鲻、斑鰶、金色小沙丁鱼、小公鱼等特定鱼种的，由各省（自治区、直辖市）渔业行政主管部门根据捕捞生产实际，单独制定最小网目尺寸，严格限定具体作业时间和作业区域。上述特许规定均在 2014 年 4 月 1 日前报农业部渔业局（现农业部渔业渔政管理局，下同）备案同意后执行。各地特许规定在农业部网站上公开，方便渔民查询、监督。

各省（自治区、直辖市）渔业行政主管部门，可在规定的最小网目尺寸标准基础上，根据本地区渔业资源状况和生产实际，制定更加严格的海洋捕捞渔具最小网目尺寸标准，并报农业部渔业局备案。

三、测量办法

根据 GB/T 6964—2010 规定，采用扁平楔形网目内径测量仪进行测量。网目长度测量时，网目应沿有结网的纵向或无结网的长轴方向充分拉直，每次逐目测量相邻 5 目的网目内径，取其最小值为该网片的网目内径。三重刺网在测量时，要测量最里层网的最小网目尺寸；双重刺网要测量两层网中网眼更小的网的最小网目尺寸。各省（自治区、直辖市）渔业行政主管部门可结合本地实际，在上述规定基础上制定出简便易行的测量办法。

四、有关要求

自 2014 年 6 月 1 日起，禁止使用小于最小网目尺寸的渔具进行捕捞。沿海各级渔业执法机构要根据规定，对海上、滩涂、港口渔船携带、使用渔具的网目情况进行执法检查。对使用小于最小网目尺寸的渔具进行捕捞的，依据《中华人民共和国渔业法》第三十八条予以处罚，并全部或部分扣除当年的渔业油价补助资金。对携带小于最小网目尺寸渔具的捕捞渔船，按使用小于最小网目尺寸渔具处理、处罚。

严禁在拖网等具有网囊的渔具内加装衬网，一经发现，按违反最小网目尺寸规定处理、处罚。

2014年3月1日起，新申请或者换发渔业捕捞许可证的，须按照所列渔具名称和主捕种类规范进行填写。同时，对农业部关于渔业捕捞许可证样式中"核准作业内容"进行适当调整。

表3-1　海洋捕捞准用渔具最小网目（或网囊）尺寸相关标准

海域	渔具分类名称		主捕种类	最小网目（或网囊）尺寸（mm）	备注
	渔具类别	渔具名称			
黄渤海	刺网类	定置单片刺网 漂流单片刺网	梭子蟹、银鲳、海蜇	110	
			鳓鱼、马鲛、鳕鱼	90	
			对虾、鱿鱼、虾蛄、小黄鱼、梭鱼、斑鰶	50	
			颚针鱼	45	该类刺网由地方特许作业
			青鳞鱼	35	
			梅童鱼	30	
		漂流无下纲刺网	鳓鱼、马鲛、鳕鱼	90	
	围网类	单船无囊围网 双船无囊围网	不限	35	主捕青鳞鱼、前鳞骨鲻、斑鰶、金色小沙丁鱼、小公鱼的围网由地方特许作业
	杂渔具	船敷箕状敷网	不限	35	
东海	刺网类	定置单片刺网 漂流单片刺网	梭子蟹、银鲳、海蜇	110	
			鳓鱼、马鲛、石斑鱼、鲨鱼、黄姑鱼	90	
			小黄鱼、鲻鱼、鳎类、鱿鱼、黄鲫、梅童鱼、龙头鱼	50	
	围网类	单船无囊围网 双船无囊围网 双船有囊围网	不限	35	主捕青鳞鱼、前鳞骨鲻、斑鰶、金色小沙丁鱼、小公鱼的围网由地方特许作业

（续）

海域	渔具分类名称		主捕种类	最小网目（或网囊）尺寸（mm）	备注
	渔具类别	渔具名称			
东海	杂渔具	船敷箕状敷网撑开掩网掩罩	不限	35	
南海（含北部湾）	刺网类	定置单片刺网漂流单片刺网	除凤尾鱼、多鳞鱚、少鳞鱚、银鱼、小公鱼以外的捕捞种类	50	该类刺网由地方特许作业
			凤尾鱼	30	
			多鳞鱚、少鳞鱚	25	
			银鱼、小公鱼	10	
		漂流无下纲刺网	除凤尾鱼、多鳞鱚、少鳞鱚、银鱼、小公鱼以外的捕捞种类	50	
	围网类	单船无囊围网双船无囊围网双船有囊围网	不限	35	主捕青鳞鱼、前鳞骨鲻、斑鲦、金色小沙丁鱼、小公鱼的围网由地方特许作业
	杂渔具	船敷箕状敷网撑开掩网掩罩	不限	35	

表3-2 海洋捕捞过渡渔具最小网目（或网囊）尺寸相关标准

海域	渔具分类名称		主捕种类	最小网目（或网囊）尺寸（mm）	备注
	渔具类别	渔具名称			
黄渤海	拖网类	单船桁杆拖网单船框架拖网	虾类	25	
	刺网类	漂流双重刺网定置三重刺网漂流三重刺网	梭子蟹、银鲳、海蜇	110	
			鲻鱼、马鲛、鳕鱼	90	
			对虾、鱿鱼、虾蛄、小黄鱼、梭鱼、斑鲦	50	
	张网类	双桩有翼单囊张网双桩竖杆张网樯张竖杆张网多锚单片张网单桩框架张网多桩竖杆张网双锚竖杆张网	不限	35	主捕毛虾、鳗苗的张网由地方特许作业

（续）

海域	渔具分类名称		主捕种类	最小网目（或网囊）尺寸（mm）	备注
	渔具类别	渔具名称			
黄渤海	陷阱类	导陷建网陷阱	不限	35	
	笼壶类	定置串联倒须笼	不限	25	
黄海	拖网类	单船有翼单囊拖网 双船有翼单囊拖网	除虾类以外的捕捞种类	54	主捕鳀鱼的拖网由地方特许作业
东海	拖网类	单船有翼单囊拖网 双船有翼单囊拖网	除虾类以外的捕捞种类	54	主捕鳀鱼的拖网由地方特许作业
		单船桁杆拖网	虾类	25	
	刺网类	漂流双重刺网 定置三重刺网 漂流三重刺网	梭子蟹、银鲳、海蜇	110	
			鳓鱼、马鲛、石斑鱼、鲨鱼、黄姑鱼	90	
			小黄鱼、鲻鱼、鳎类、鮸鱼、黄鲫、梅童鱼、龙头鱼	50	
	围网类	单船有囊围网	不限	35	
	张网类	单锚张纲张网	不限	55	
		双锚有翼单囊张网	不限	50	
		双桩有翼单囊张网 双桩竖杆张网 樯张竖杆张网 多锚单片张网 单桩框架张网 双锚张纲张网 单桩桁杆张网 单锚框架张网 单锚桁杆张网 双桩张纲张网 船张框架张网 船张竖杆张网 多锚框架张网 多锚桁杆张网 多锚有翼单囊张网	不限	35	主捕毛虾、鳗苗的张网由地方特许作业
	陷阱类	导陷建网陷阱	不限	35	
	笼壶类	定置串联倒须笼	不限	25	

（续）

海域	渔具分类名称		主捕种类	最小网目（或网囊）尺寸（mm）	备注
	渔具类别	渔具名称			
南海（含北部湾）	拖网类	单船有翼单囊拖网 双船有翼单囊拖网 单船底层单片拖网 双船底层单片拖网	除虾类以外的捕捞种类	40	
		单船桁杆拖网 单船框架拖网	虾类	25	
	刺网类	漂流双重刺网 定置三重刺网 漂流三重刺网 定置双重刺网 漂流框格刺网	除凤尾鱼、多鳞鳝、少鳞鳝、银鱼、小公鱼以外的捕捞种类	50	
	围网类	单船有囊围网 手操无囊围网	不限	35	
	张网类	双桩有翼单囊张网 双桩竖杆张网 樯张竖杆张网 双锚张纲张网 单桩桁杆张网 多桩竖杆张网 双锚竖杆张网 双锚单片张网 樯张张纲张网 樯张有翼单囊张网 双锚有翼单囊张网	不限	35	主捕毛虾、鳗苗的张网由地方特许作业
	陷阱类	导陷建网陷阱	不限	35	
	笼壶类	定置串联倒须笼	不限	25	

第三节　水产种质资源保护区管理

2011 年，农业部为规范水产种质资源保护区的设立和管理，加强水产种质资源保护，根据《中华人民共和国渔业法》等有关法律法规，制定了《水产种质资源保护区管理暂行办法》。《水产种质资源保护区管理暂行办法》的施行对保护水产种质资源、防止重要渔业水域被不合理占用、促进渔业可持续发展以及维护广大渔民权益具有重要现实意义。

一、水产种质资源保护区概念、设立及作用

1. 水产种质资源保护区概念

水产种质资源是水生生物资源的重要组成部分，同时也是渔业发展的物质基础，在水生生态系统中发挥着重要的作用。水产种质资源保护区是指为保护和合理利用水产种质资源及其生存环境，在具有较高经济价值和遗传育种价值的水产种质资源的产卵场、索饵场、越冬场和洄游通道等主要生长繁育区域，依法划出的具有一定面积的水域、滩涂及其毗邻的岛礁、陆域，予以特殊保护和管理的区域。

水产种质资源保护区分为国家级和省级，其中国家级水产种质资源保护区是指在国内国际有重大影响，具有重要经济价值、遗传育种价值或特殊生态保护和科研价值，保护对象为重要的、洄游性的共用水产种质资源或保护对象分布区域跨省（自治区、直辖市）行政区划或海域管辖权限的，经国务院或农业部批准并公布的水产种质资源保护区。

2011 年 1 月 5 日，农业部发布 2011 年第 1 号部令，部令规定：《水产种质资源保护区管理暂行办法》于 2010 年 12 月 30 日经农业部第 12 次常务会议审议通过，自 2011 年 3 月 1 日起施行。

2. 水产种质资源保护区的设立

下列区域应当设立水产种质资源保护区：

①国家和地方规定的重点保护水生生物物种的主要生长繁育区域。

②我国特有或者地方特有水产种质资源的主要生长繁育区域。

③重要水产养殖对象的原种、苗种的主要天然生长繁育区域。

④其他具有较高经济价值和遗传育种价值的水产种质资源的主要生长繁育区域。

3. 水产种质资源保护区作用

2014 年 12 月 4 日，农业部发布第 2181 号公告，公布第八批国家级水产种质资源保护区名单，共有保护区 36 处，包括 26 个江河类型和 10 个湖泊水库类型。至此，全国范围内国家级水产种质资源保护区总数已达 464 处，其中海洋类 51 个，内陆类 413 个。这些保护区分布于江河、湖库以及海湾、岛礁、滩涂等水域，初步构建了覆盖各海区和内陆主要江河湖泊的水产种质资源保护区网络，对保护水产种质资源、防止重要渔业水域被不合理占用、促进渔业可持续发展以及维护广大渔民权益具有重要现实意义。

二、水产种质资源保护区管理

1. 水产种质资源保护区管理机构的主要职责

①制定水产种质资源保护区具体管理制度。

②设置和维护水产种质资源保护区界碑、标志物及有关保护设施。

③开展水生生物资源及其生存环境的调查监测、资源养护和生态修复等工作。

④救护伤病、搁浅、误捕的保护物种。

⑤开展水产种质资源保护的宣传教育。

⑥依法开展渔政执法工作。

⑦依法调查处理影响保护区功能的事件，及时向渔业行政主管部门报告重大事项。

2. 水产种质资源保护区管理有关规定

农业部和省级人民政府渔业行政主管部门应当分别针对国家级和省级水产种质资源保护区主要保护对象的繁殖期、幼体生长期等生长繁育关键阶段设定特别保护期。特别保护期内不得从事捕捞、爆破作业以及其他可能对保护区内生物资源和生态环境造成损害的活动。

在水产种质资源保护区内从事修建水利工程、疏浚航道、建闸筑坝、勘探和开采矿产资源、港口建设等工程建设的，或者在水产种质资源保护区外从事可能损害保护区功能的工程建设活动的，应当按照国家有关规定编制建设项目对水产种质资源保护区的影响专题论证报告，并将其纳入环境影响评价报告书。

单位和个人在水产种质资源保护区内从事水生生物资源调查、科学研究、教学实习、参观游览、影视拍摄等活动，应当遵守有关法律法规和保护区管理制度，不得损害水产种质资源及其生存环境。

禁止在水产种质资源保护区内从事围湖造田、围海造地或围填海工程。

禁止在水产种质资源保护区内新建排污口。在水产种质资源保护区附近新建、改建、扩建排污口，应当保证保护区水体不受污染。

单位和个人违反规定，对水产种质资源保护区内的水产种质资源及其生存环境造成损害的，由县级以上人民政府渔业行政主管部门或者其所属的渔政监督管理机构、水产种质资源保护区管理机构依法处理。

思考题

1. 简述休渔期的概念。

2. 我国休渔海域包括哪些海域?

3. 休渔作业类型包括哪些?

4. 休渔时间是如何规定的?

5. 实施海洋捕捞准用渔具和过渡渔具最小网目尺寸制度的时间和范围分别是什么?

6. 简述各类型网具的测量办法。

7. 简述水产种质资源保护区的概念。

8. 哪些水域应设立水产种质资源保护区?

第四章　周边渔业协定

本章要点：掌握中日渔业协定水域划分和协议水域作业要求、中韩渔业协定水域划分和协议水域管理方式、中越北部湾渔业合作协定水域划分和协议水域管理方式。

我国有 960 万 km² （千米²）的土地，海洋面积约为 299.7 万 km²，约为陆地面积的 1/3，海岸线长度为 1.8 万 km。但实际情况是，我国面临着激烈的海域划界争端，要按照 1982 年《联合国海洋法公约》争得 299.7 万 km² 的管辖海域，还有相当大的困难。我国的海洋由黄海、渤海、东海和南海组成，除渤海属于内水不存在争议外，其他 3 个海区都需要按《联合国海洋法公约》与邻国合理划分。我国在东海和黄海与日本和韩国隔海相望，最宽处不到 400n mile。长期以来，中、日、韩三国渔民长期共同开发利用黄海和东海的渔业资源。三国渔业结构类似，许多主要捕捞品种属洄游性鱼类（如带鱼、小黄鱼、鲐鱼等），常常竞争激烈，渔业矛盾和纠纷时有发生。北部湾是中越两国陆地和中国海南岛环抱的一个半闭海，面积约 12.8 万 km²，宽度为 110～180n mile，中越两国在北部湾既相邻又相向，过去由于没有一条明确的北部湾分界线，两国间经常发生纠纷，造成局势不稳，影响了两国关系。如何解决海洋争端，有效地维护海洋权益，开拓国家发展的利益空间和安全空间对我国的和平崛起具有十分重要的意义。实践证明，坚持平等协商、尊重历史和国际法准则以及公平合理等基本原则对维护海洋权益，缓和矛盾，和平解决争端是有帮助的。

第一节　中日渔业协定

一、中日渔业协定产生的背景

中国和日本之间首次渔业协议是 1955 年两国渔业协会缔结的民间渔业协议。之后，两国按照中日共同声明第 9 条，于 1975 年 8 月 15 日缔结了政府之间首部渔业协定。虽然政府之间渔业协议可视为继承民间渔业协议，但两者之间有重要的差别，即按照政府之间协议，两国为在协议水域内养护和合理利用海洋资源采取必要的措施，若有违反协议者，由船旗国行使其管辖权，且另设定渔业联合委员会。1975 年的渔业协定主要目的在于规范日本渔船活动。《联合国海洋法公约》于 1994 年 11 月生效后，中、日两国政府也先后提交了《联合国海洋法公约》批准书，成为该公约的缔约国，实施专属经济区制度。为此，中日两国政府从 1995 年起，根据《联合国海洋法公约》的规定，就重新签订渔业协定进行会谈。1997 年 11 月中日两国政府重签了渔业协定，于 2000 年 6 月 1 日生效，有效期为 5 年。由于中日之间在东海海域的专属经济区界限尚未划定，现协定中的有关规定尚属过渡性质。

二、中日渔业协定的水域划分及管理

1. 协定水域

（1）协定水域范围　中日两国各自专属经济区，除了"暂定措施水域"和北纬 27°以南的东海水域、东海以南的东经 125°30′以西的水域。

（2）管理规定

①缔约各方根据互惠原则，按照本协定及本国有关法令，准许缔约另一方的国民及渔船在本国专属经济区从事渔业活动。

②缔约各方的授权机关，按照本协定的规定，向缔约另一方的国民及渔船颁发有关入渔的许可证，并可就颁发许可证收取适当费用。

③缔约各方的国民及渔船在缔约另一方专属经济区按照本协定及缔约另一方的有关法令从事渔业活动。

④缔约各方考虑到本国专属经济区资源状况、本国捕捞能力、传统渔业活动、相互入渔状况及其他相关因素，每年决定在本国专属经济区的缔约另一方国民及渔船的可捕鱼种、渔获配额、作业区域及其他作业条件。

⑤缔约各方应采取必要措施，确保本国国民及渔船在缔约另一方专属经济区从事渔业活动时，遵守本协定的规定以及缔约另一方有关法令所规定的海洋生物资源的养护措施及其他条件。

⑥缔约各方应及时向缔约另一方通报本国有关法令所规定的海洋生物资源的养护措施及其他条件。

⑦缔约各方为确保缔约另　方的国民及渔船遵守本国有关法令所规定的

海洋生物资源的养护措施及其他条件，可根据国际法在本国专属经济区采取必要措施。

⑧被逮捕或扣留的渔船及其船员，在提出适当的保证书或其他担保之后，应迅速获得释放。

⑨缔约各方的授权机关，在逮捕或扣留缔约另一方的渔船及其船员时，应通过适当途径，将所采取的行动及随后所施加的处罚，迅速通知缔约另一方。

2."暂定措施水域"

（1）"暂定措施水域"的范围

①北纬 $30°40'$，东经 $124°10.1'$ 之点。

②北纬 $30°$，东经 $123°56.4'$ 之点。

③北纬 $29°$，东经 $123°25.5'$ 之点。

④北纬 $28°$，东经 $122°47.9'$ 之点。

⑤北纬 $27°$，东经 $121°57.4'$ 之点。

⑥北纬 $27°$，东经 $125°58.3'$ 之点。

⑦北纬 $28°$，东经 $127°15.1'$ 之点。

⑧北纬 $29°$，东经 $128°0.9'$ 之点。

⑨北纬 $30°$，东经 $128°32.2'$ 之点。

⑩北纬 $30°40'$，东经 $128°26.1'$ 之点。

⑪北纬 $30°40'$，东经 $124°10.1'$ 之点。

（2）管理规定

①缔约双方根据中日渔业联合委员会的决定，在"暂定措施水域"中，考虑到对缔约各方传统渔业活动的影响，为确保海洋生物资源的维持不受过度开发的危害，采取适当的养护措施及量的管理措施。

②缔约各方应对在"暂定措施水域"从事渔业活动的本国国民及渔船采取管理及其他必要措施。缔约各方在该水域中，不对从事渔业活动的缔约另一方国民及渔船采取管理和其他措施。缔约一方发现缔约另一方国民及渔船违反中日渔业联合委员会决定的作业限制时，可就事实提醒该国民及渔船注意，并将事实及有关情况通报缔约另一方。缔约另一方应在尊重该方的通报并采取必要措施后将结果通报该方。

3.北纬 $27°$以南的东海水域以及东海以南的东经 $125°30'$ 以西的水域

中日两国以确保该水域的海洋生物资源的维持不受过度开发的危害而进

行合作为前提，不将本国的渔业法令适用对方国民。

4. "暂定措施水域"北限线以北的部分东海海域

鉴于两国传统和合作的渔业关系，在实施协定和与第三国建立渔业关系时，"暂定措施水域"北限线以北的部分东海海域，尊重现有的渔业活动，考虑缔约另一方传统作业及该水域的资源状况，不使缔约另一方在该水域的渔业利益受到不正当的损害。

三、中日渔业联合委员会

缔约双方为实现协定的目的，设立中日渔业联合委员会，中日渔业联合委员会由缔约双方政府各自任命的两名委员组成。

①中日渔业联合委员会的任务：

a. 协商每年在本国专属经济区的缔约另一方国民及渔船的可捕鱼种、渔获配额、作业区域及其他作业条件，北纬27°以南的东海的水域以及东海以南的东经125°30′以西水域有关的事项，并向缔约双方政府提出建议。协商事项包括如下内容：

——在本国专属经济区的缔约另一方国民及渔船的可捕鱼种、渔获配额及其他具体作业条件事项。

——有关维持作业秩序的事项。

——有关海洋生物资源和养护的事项。

——有关两国间渔业合作的事项。

b. 协商和决定"暂定措施水域"的事项。

c. 根据需要，就本协定附件的修改向缔约双方政府提出建议。

d. 研究本协定的执行情况及其他有关本协定的事项。

②中日渔业联合委员会的一切建议和决定须经双方委员一致同意方能实施。

③缔约双方政府应尊重中日渔业联合委员会就缔约各方专属经济区、北纬27°以南的东海的水域以及东海以南的东经125°30′以西水域有关的事项的建议，并按照中日渔业联合委员会关于"暂定措施水域"事项的决定采取必要措施。

④中日渔业联合委员会每年召开一次会议，在中华人民共和国和日本国轮流举行。根据需要，经缔约双方同意可召开临时会议。

第二节　中韩渔业协定

一、中韩渔业协定制定过程

20 世纪 90 年代以前，我国本不认同一些国家自行设定的沿海经济区或者大陆架权限。按照历史上的国际惯例，只要是公海，各国就可以进入和捕鱼。但在《联合国海洋法公约》生效后，专属经济区占据了很多原本属于公海的区域。

2000 年我国加入世界贸易组织（WTO）后，中国与韩国签署中韩渔业协定，2001 年 6 月 30 日正式生效。它的有效期为 5 年。缔约任何一方在最初 5 年期满时或在其后，可提前 1 年以书面形式通知缔约另一方，随时终止协定。

中韩渔业协定是在确定海上边界线之前为维护两国间渔业秩序和渔业管理相关事宜而签署的暂时性条约。

二、中韩渔业协定的水域划分及管理方式

1. 暂定措施水域

设定于北纬 32°11′至北纬 37°之间的黄海水域，由双方采取共同的养护和管理措施。

由中韩双方共同设立的中韩渔业联合委员会，决定暂定措施水域采取共同的养护措施和量的管理措施。

双方在暂定措施水域和过渡水域，对从事渔业活动的本国国民及渔船采取管理和其他必要措施，不对另一方国民及渔船采取管理及其他措施。一方发现另一方国民及渔船违反中韩渔业联合委员会的决定时，可就事实提醒该国民及渔船注意，并将事实及有关情况通报另一方。另一方应尊重对方的通报，并在采取必要措施后，将结果通知对方。在过渡水域双方还可采取联合监督检查措施，包括联合乘船、勒令停船、登临检查等。

2. 过渡水域

设定于暂定措施水域两侧，在两国领海外各设一个，有效期为 4 年，双方应采取适当措施，逐步调整并减少在对方一侧过渡水域作业的本国国民及渔船的渔业活动。4 年期满后双方两侧的过渡水域按各自的专属经济区进行管理。

中韩双方在考虑各自专属经济区管理水域的海洋生物资源状况、本国捕捞能力、传统渔业活动、相互入渔状况及其他相关因素的情况下，每年决定缔约另一方国民及渔船在本国专属经济区管理水域的可捕鱼种、渔获配额、作业时间、作业区域及其他作业条件，并通报给另一方。另一方接到通报后，向对方授权机关申请发给希望在对方专属经济区管理水域从事渔业活动的本国国民及渔船入渔许可证。被申请一方授权机关按照中韩渔业协定及本国有关法律、法规的规定颁发许可证，并可收取适当费用。

中韩任何一方的国民及渔船进入对方专属经济区管理水域从事渔业活动，应遵守对方国家有关法律、法规和中韩渔业协定的有关规定。

3. 维持现有渔业活动水域

暂定措施水域北限线所处纬度线以北的部分水域及暂定措施水域和过渡水域以南的部分水域，维持现有渔业活动，不将本国有关渔业的法律、法规适用于缔约另一方的国民及渔船，除非缔约双方另有协议。

三、我国渔船到韩国专属经济区水域作业遵循的规定和注意事项

1. 遵循的规定

①携带韩方发给本船的渔船作业许可证。

②作业时应将渔船作业许可证置于渔船驾驶室的明显位置，同时按韩方规定在驾驶室两侧悬挂标志牌，填写韩方规定的渔捞日志，接受韩方检查人员的登临检查。

③准备进入韩国专属经济区管理水域从事渔业活动时，须提前24h向所在县（市）主管部门通报如下资料：作业类型、许可证号、渔船名号、预定进入水域的时间、预定进入水域位置的经纬度和水域代号、通报时的时间和位置、通报时渔船上装载的主要鱼种和重量、船员数。由于作业中渔场变动等原因紧急进入专属经济区管理水域从事渔业活动时，可以提前15h向县级主管部门通报上述材料。

④在韩国专属经济区管理水域从事渔业活动的渔船离开韩国管理水域时，须在离开韩国专属经济区管理水域后6h内向所在县（市）主管部门报告如下材料：作业类型、许可证号、渔船名号、离开水域的时间、离开水域位置的经纬度和水域代号、报告时的时间和位置、报告时渔船上装载的主要鱼种和重量、船员数。

⑤一日内多次进、出韩国专属经济区管理水域时，只需分别通报1次进、出水域信息。

⑥在韩国管辖水域从事渔业活动的渔船，每日必须在当日14时之前向所在县（市）主管部门报告以下信息：作业类型、许可证号、船名号、作业起止时间、中午12时全球定位系统（GPS）定位仪上的经纬度（围网和鱿钓渔船报当日00时的经纬度）、前日正午12时至当日正午12时的渔获量、在韩国管辖水域作业的年度总渔获量，其中拖网作业还要报"带鱼、小黄鱼、鲅鱼、鲳鱼类和其他"渔获量；流刺网作业还要报"鲅鱼、小黄鱼、其他黄鱼类、蟹类和其他"渔获量；鱿钓作业还要报"鱿鱼类和其他"渔获量。

⑦虚报或谎报捕捞作业情况视为严重的违规行为。

2. 注意事项

①禁止到韩国主张的领海内及韩国规定的禁止区域内作业，不得进入韩国宣布的特定禁止区域和特定海域。在禁止作业海域和禁止作业期间，航行中的渔船必须将渔具收藏和覆盖起来。

②在禁止作业海域或禁止作业期间，禁止渔获物或其制品的转载以及扒载。在许可作业海域许可作业期间，渔获物只能转载到许可的渔获物运输船，不得转载到其他渔船。

③应携带渔船国际证明文件、船员证书的身份证明书以及船员名册。有鱼舱的渔船应携带印有许可申请人认证印章并标有鱼舱容积和布置的图纸。

④韩国检查人员登临检查时，为确保检查人员的安全，船上如果有救生圈、安全梯子、小艇或其他设备，检查人员需要使用时，渔船必须提供，并协助检查人员和排除查出的违规事项。

⑤作业时以到场的先后顺序进行作业。作业渔船之间应保持足够的间隔距离，遵守海上避碰规则，不得故意干扰或影响其他渔船的正常作业。

⑥作业渔船之间发生纠纷，应协商解决。现场难以解决的，双方当事人应写出事故确认书，回国后通过有关程序解决。严禁在海上出现打架、破坏掠夺、扣押等不法行为。

第三节　中越北部湾渔业合作协定

一、中越北部湾渔业合作协定产生的背景

20世纪70年代初以来，随着现代海洋法制度的发展，中越两国划分北

部湾领海、专属经济区和大陆架的问题呈现出来。按照以 1982 年《联合国海洋法公约》为核心的现代海洋法制度，沿海国可拥有宽度为 12n mile 的领海、200n mile 的专属经济区和最多不超过 350n mile 的大陆架。沿海国对领海享有主权，但其他国家的船只可以无害通过。至于专属经济区和大陆架，沿海国不拥有主权，但享有对其自然资源的勘探、开发、养护和管理的排他性的主权权利。这意味着一国不得随意进入他国的专属经济区进行渔业捕捞，除非征得该国的同意。

北部湾是一个较狭窄的海湾，宽度为 110～180n mile。中越两国都是《联合国海洋法公约》的缔约国。根据《联合国海洋法公约》的规定，两国在北部湾海域的专属经济区和大陆架全部重叠，必须通过划界加以解决。

2000 年 12 月 25 日，中国和越南在北京签署《中华人民共和国和越南社会主义共和国关于两国在北部湾领海、专属经济区和大陆架的划界协定》及《中华人民共和国政府和越南社会主义共和国政府北部湾渔业合作协定》。2004 年 6 月 30 日，两国代表团团长在河内互换了该协定的批准书。与此同时，两国外交当局也就渔业合作协定生效事宜互换了照会。至此，两协定于当日同时生效。协定有效期为 12 年，其后自动顺延 3 年。顺延期满后，继续合作事宜由缔约双方通过协商商定。

二、中越北部湾渔业合作协定的水域划分及管理

1. 共同渔区

北部湾封口线以北、北纬 20°以南、距北部湾划界协定所确定的分界线各自 30.5n mile 的两国各自专属经济区设立共同渔区。具体范围为下列各点顺次用直线连接而围成的水域：

①北纬 17°23′38″，东经 107°34′43″之点；

②北纬 18°09′20″，东经 108°20′18″之点；

③北纬 18°44′25″，东经 107°41′51″之点；

④北纬 19°08′09″，东经 107°41′51″之点；

⑤北纬 19°43′00″，东经 108°20′30″之点；

⑥北纬 20°00′00″，东经 108°42′32″之点；

⑦北纬 20°00′00″，东经 107°57′42″之点；

⑧北纬 19°52′34″，东经 107°57′42″之点；

⑨北纬 19°52′34″，东经 107°29′00″之点；

⑩北纬 20°00′00″，东经 107°29′00″之点；
⑪北纬 20°00′00″，东经 107°07′41″之点；
⑫北纬 19°33′07″，东经 106°37′17″之点；
⑬北纬 18°40′00″，东经 106°37′17″之点；
⑭北纬 18°18′58″，东经 106°53′08″之点；
⑮北纬 18°00′00″，东经 107°01′55″之点；
⑯北纬 17°23′38″，东经 107°34′43″之点。

双方本着互利的精神，在共同渔区内进行长期渔业合作，根据共同渔区的自然环境条件、生物资源特点、可持续发展的需要和环境保护以及对缔约各方渔业活动的影响，共同制定共同渔区生物资源的养护、管理和可持续利用措施。

双方尊重平等互利的原则，根据在定期联合渔业资源调查结果的基础上所确定的可捕量和对缔约各方渔业活动的影响，以及可持续发展的需要，通过中越北部湾渔业联合委员会每年确定缔约各方在共同渔区内的作业渔船数量。

2. 过渡性安排水域

共同渔区以北（自北纬 20°起算）本国专属经济区内缔约另一方的现有渔业活动做出过渡性安排。自协定生效之日起，过渡性安排开始实施。缔约另一方应采取措施，逐年削减渔业活动。过渡性安排自协定生效之日起 4 年内结束。过渡性安排结束后，缔约各方应在相同条件下优先准许缔约另一方在本国专属经济区入渔。

3. 小型渔船缓冲区

为避免缔约双方小型渔船误入缔约另一方领海引起纠纷，缔约双方在两国领海相邻部分自分界线第一界点起沿分界线向南延伸 10n mile、距分界线各自 3n mile 的范围内设立小型渔船缓冲区。

缔约一方如发现缔约另一方小型渔船进入小型渔船缓冲区己方一侧水域从事渔业活动，可予以警告，并采取必要措施令其离开该水域，但应克制：不扣留，不逮捕，不处罚或使用武力。如发生有关渔业活动的争议，应报告中越北部湾渔业联合委员会予以解决；如发生有关渔业活动以外的争议，由两国各自相关授权机关依照国内法予以解决。

思考题

1. 中日渔业协定的水域是如何划分的？两国对协议水域如何管理？

2. 中韩渔业协定什么时间生效的？有效期为几年？

3. 中韩渔业协定的水域是如何划分的？两国对协议水域如何管理？

4. 我国渔船到韩国专属经济区捕捞作业有哪些应注意的事项？

5. 中越北部湾渔业合作协定什么时间生效的？有效期为几年？

6. 中越北部湾渔业合作协定的水域是如何划分的？两国对协议水域如何管理？

第五章　船舶应急

本章要点：重点掌握应变部署表的编制、船舶应急报警信号、应急演习及各种应急行动。

船舶应急又称为船舶应变，是指在船舶发生各种意外事故和紧急情况时的紧急处置方法和措施，一般分为救生（包括弃船求生和人落水救助）、消防、堵漏、油污应急等。

第一节　船舶应变部署

由于船舶所处的环境复杂多变，随时可能发生各种危及船舶和人命安全的紧急事件，为了避免严重的后果，把损失减到最低限度，每一船舶都应根据人员状况、本船设备和情况，编制船舶应变部署表、应急任务卡，明确指定每个人在紧急情况下应到达的岗位及执行的任务，并定期进行培训、训练和演习，使船员能够在发生紧急情况时迅速有效地协同救险，正确熟练地使用各种应急设备，有效地控制危险局面。

一、船舶应变部署表和船员应急任务卡

1. 船舶应变部署表编制原则

船舶应变部署表的编制应考虑以下原则：

①应结合本船的船舶条件、船员条件以及航区自然条件。

②关键岗位与关键动作应指派技术熟练、经验丰富的人员。

③根据本船情况，可以一人多职或一职多人。

④人员编排应最有利于应变任务的完成。

2. 船舶应变部署表的主要内容

①紧急报警信号的应变种类及信号特征，信号发送方式和持续时间，解除信号的发送方式和持续时间。

②有关救生、消防设备的位置。

③职务与编号、姓名、艇号、筏号的对照一览表。

④消防应变、弃船求生、放救生艇筏的详细分工内容和执行人编号。

⑤航行中驾驶台、机舱、电台固定人员及其任务。

⑥每项应变具体指挥人的接替人。

⑦船舶及公司名称，船长署名及公布日期。

3. 船舶应变部署表编制职责和公布要求

①船舶应变部署表应在船舶开航前编制，当船员变动时，应及时修改船舶应变部署表。

②船舶应变部署表由助理船副编制，经船副审核后，报船长批准后公布执行。

③船舶应变部署表应使用船舶工作语言编写，张贴在全船各明显之处，包括驾驶室、机舱、餐厅和生活区走廊的主要部位。

4. 船员应急任务卡

助理船副应根据船舶应变部署表的布置和人员职责分配，编写船员应急任务卡，并及时张贴在每名船员的床头，供船员熟悉和执行应急时的职责。船员应急任务卡的内容包括：船员编号；弃船时登乘救生艇艇号、救生筏筏号；各种应急警报信号；各种应变部署中的岗位和职责等。

5. 船舶应急警报信号

船舶通常使用船舶通用应急报警系统、警铃或汽笛发出应急警报信号，还可以辅以有线广播。规定的应变信号见表5-1。

表5-1　船舶应急警报信号

应变种类	信号类型	持续时间
弃船	警铃或汽笛七短或七短以上继以一长声	连放1min（分钟）
消防	警铃或汽笛短声	连放1min
	前部失火：连放短声后一长声	
	中部失火：连放短声后二长声	
	后部失火：连放短声后三长声	
	机舱失火：连放短声后四长声	
	上层建筑失火：连放短声后五长声	
堵漏	警铃或汽笛两长一短声	连放1min
人落水	警铃或汽笛三长声	连放1min
溢油	警铃或汽笛一短两长一短声	连放1min
解除警报	警铃或汽笛一长声或以口头宣布	

二、船舶应急的组织部署

每一个被分配有应急职责的船员在开船前应熟悉自己的应急程序中的有关职责，熟悉在应急反应中所需的知识和技能。船长是船舶各类应急的总指挥；船副是船舶各类应急的现场指挥；当事故现场发生在机舱时，通常由轮机长担任应急现场指挥，船副在现场协助指挥。

①消防应变部署共分消防、隔离和救护 3 个队：消防队直接担负现场灭火的任务；隔离队根据火情关闭门窗、舱口、风斗等，截断局部电路，搬开易燃物品，阻止火势蔓延；救护队负责维持现场秩序，传令通信和救护伤员。

②堵漏应变部署共分堵漏、排水、隔离和救护 4 个队：堵漏队直接担负堵漏和抢修任务；排水队负责排水工作；隔离队负责关闭水密门、隔舱阀等，并测量各舱水位；救护队负责救护伤员。

③人落水时，船副在主甲板现场指挥，组织对落水人员的施救。

④弃船时，船长在驾驶台负责指挥，船副做好救生艇、筏的释放工作，助理船副在驾驶台协助船长。

⑤油污应变部署共分指挥及通信、除油、溢油回收、机舱和救护 5 个队：除油队负责关闭所有排放开口，用吸油材料清除船上和溢出的油污；溢油回收队负责回收水面溢油；机舱队负责机舱工作，操作泵并与驾驶台联络；救护队负责准备救助及其他工作。

第二节　船舶应急演习

一、船舶应急演习的组织

1. 应急演习的目的

应变部署表和应急计划通常是明确应急职能分工和应急程序的框架，不可能详细描述所有的应急行动和应急操作。这就需要在日常的应急培训、训练和演习中获得更多更全面的知识和技能，来正确无误地实施应急行动。

应急演习的目的是：

①提高船员的安全意识。

②使船员熟悉应变岗位和职责。

③使船员熟练使用各种应急设备。

④检查、试验各种应急设备的技术状态，使其处于随时可用状态。

2. 应急演习的时间间隔

应急演习应以适当的时间间隔进行，既要保证全船处于良好的可随时应急的状态，又不至于干扰船上的正常工作。每位船员每月应至少参加弃船演习和消防演习各一次，若有 25％以上的船员未参加上个月的演习，应在该船离港后 24h 内举行上述两项演习。堵漏演习每 3 个月举行 1 次。油污应变演习每 3 个月一次，最长不超过 6 个月的间隔。

二、应急演习的要求

1. 消防演习的要求

①消防演习的内容：

a. 向集合地点报到，并准备执行应变部署表所述的任务。

b. 启动消防泵，要求至少使用 2 支所要求的水枪，以表明该系统处于正常的工作状态。

c. 检查消防员装备和其他人员的救助设备。

d. 检查有关的通信设备。

e. 检查水密门、防火门、防火闸的工作情况。

f. 检查供随后弃船用的必要装置。

②消防演习应按应变部署表中的消防部署进行。船副任消防演习的现场指挥，负责指挥消防队、隔离队和救护队。

③消防演习时，应假想船上某处发生火警，组织船员扑救。假想之火警性质及发生的地点应经常改变，以使船员熟悉各种情况。全体船员必须严肃对待演习，听到警报后，应按照消防部署表的规定。在 2min 内携带指定器具到达指定地点，听从指挥，认真操练。机舱应在 5min 内开泵供水。

④演习评估。消防演习后，由现场指挥进行讲评，并检查和处理现场，还要对器材进行检查和清理，使其恢复至可用状态。必要时，船长可召集全体船员大会，进行总结。

⑤演习结束后，应将每次演习的起止时间、地点、演习内容和情况，如实记入《航海日志》。

2. 弃船演习的要求

①弃船演习的内容：

a. 利用有线广播或其他通信系统通知演习，将乘客和船员召集到集合地点，并确使他们了解弃船命令。

b. 向集合地点报到，并准备执行应变部署表中所述的任务。

c. 查看船员的穿着是否合适。

d. 查看是否正确地穿好救生衣。

e. 在完成任何必要的降落准备工作后，至少降下 1 艘救生艇。

f. 启动并操作救生艇发动机。

g. 操作降落救生筏所用的吊筏架。

h. 介绍无线电救生设备的使用。

②每艘救生艇一般应每 3 个月在弃船演习时乘载被指派的操艇船员降落下水 1 次，并在水上进行操纵。

③对于从事短途国际航行的船舶，如果由于港口泊位的安排及其运输方式不允许救生艇在某一舷降落下水者，主管机关可准许救生艇不在该舷降落下水。但无论如何，所有这些救生艇应至少每 3 个月下降一次并每年至少降落下水一次。

④在每次弃船演习时应试验供集合和弃船所用的应急照明系统。

⑤演习结束，船长发出解除警报信号；收回救生艇，清理好索具；由艇长进行讲评后解散艇员并向船长汇报。

3. 人落水演习要求

①人落水演习的内容：

a. 向船长报告，鸣放人落水警报信号，模拟观察和抛掷救生圈。

b. 向集合地点报道，并准备执行。

c. 检查是否按应变部署表上的规定携带指定的器材。

d. 做好放艇准备。

e. 检查参加演习的人员是否熟悉自己应变职责，能否按应变部署表中的规定进行人落水应急操作。

②人落水演习应根据人落水演习计划进行。

③在每次进行人落水演习时，应鸣放人落水警报信号，操船甩尾、模拟观察和抛掷救生圈、集合、模拟放艇等人落水应急程序，以及演习结束后讲评，最后宣布演习结束。

4. 油污应急演习的要求

①油污应急演习的内容：

a. 检查、试验有关油污报警和通信系统。

b. 发出油污警报,向集合地点报道,并做好执行应变部署表中规定的任务。

c. 检查参加演习的人员是否熟悉自己应变职责，能否按应变部署表中和船上油污应急计划中的规定进行油污应急操作。

d. 模拟向有关部门报告。

e. 演练关闭阀门、堵塞甲板排水孔、甲板围栏和收集溢油、清除溢出舷外的溢油等油污应急行动。

②油污应急演习可以与其他演习联合进行。

③在每次进行油污应急演习时，应进行警报信号、集合、关闭阀门、堵塞甲板排水孔、模拟收集溢油等油污应急程序的演练，以及演习结束后讲评，最后宣布演习结束。

第三节　船舶应急行动

一、保护人员安全的行动

1. 人员撤离

船舶发生碰撞、爆炸、火灾等紧急情况时，除了迅速采取各种应急措施外，应将人员撤离事故现场，转移到安全区域。

2. 伤员救治

船舶在港内有人受伤，应立即把伤员送往医院救治。在海上有人员受伤时可根据船舶的具体情况，按照船舶医疗指南的指导，由负责的驾驶员进行治疗。在伤员伤势严重，船上无法进行救治时，应经船长请示船舶所有人后申请医疗援助或驶往最近港口救治。

3. 争取外援

船舶发生紧急情况，应立足于自救，船长应根据事故或紧急情况的发展趋势及时争取外界援助。

4. 决定弃船

船舶经过全力救助，确已无法挽救船舶而将危及人员安全时，可做出弃船决定。弃船时，应按先旅客后船员，最后船长离船的原则进行有序、安全迅速地撤离。

二、船舶发生火灾时应急行动

1. 船舶灭火行动应遵守的原则

(1) 查明火情　立即查明火灾的性质、位置、范围、受困人员、合适灭火机会、扑救方法等。

（2）**组织救援**　设法及时解救被火灾围困的人员及伤员，将其转移至安全地带。

（3）**控制火势**　在探明火情的基础上可立即展开灭火行动，控制火势，或采取疏散、隔离火场周围的可燃物，喷水降低火场周围的温度，切断电源，关闭通风，封闭门窗等，防止火势蔓延。

（4）**灭火**　在有效控制火势后，船长根据所掌握信息，选择合适灭火方式下达灭火命令。

（5）**检查清理**　火灾被基本扑灭之后，应及时检查、清理现场，特别应注意查找存在或可能存在的余火和隐蔽的燃烧物，防止死灰复燃。

（6）**记录**　船副将失火时间、部位、原因、灭火过程、采取措施、火势控制与扑灭时间、船舶受损情况记入《航海日志》。

（7）**报告**　船长应做出水上安全事故报告，呈交有关部门。

2. 船舶火灾的应急措施

（1）**发现者的行动**　火灾的最初发现者，应大声呼救并就近取材将火扑灭。倘若火势扩大难以控制，则可就近按下手动报警按钮，向全船报警，并采取适当而有效的措施救出伤员、移动易燃易爆物品，关闭门窗和通风系统，控制火势，并立即报告值班驾驶员有关火灾情势，包括火的种类、位置、火势和伤员情况。

（2）**消防组织**　航行中的船舶，驾驶台接到报警后，应立即发出消防警报，全体船员应立即按应急部署表规定的分工和职责迅速就位，服从现场指挥的统一调度和指挥。

3. 救助与弃船

按规定向有关主管机关或沿岸国报告，当判断自力灭火无望时，应尽早请求消防援助或做好弃船准备。

三、弃船时的应急行动

1. 弃船时的应急行动程序要点

①船舶发生紧急情况后受损严重，经全力施救无效或处于沉没、倾覆、爆炸等危险状态时，船长有权做出弃船决定，但若时间和情况允许，必须先请示船东。

②船长发出弃船警报信号或宣布弃船命令。

③弃船警报信号或弃船命令发出后，全体船员应按应变部署表中职责分工完成各自的弃船准备工作。

④船长指定船员负责携带航海日志、轮机日志、电台日志、国旗、海图、重要文件、船舶证书、卫星紧急无线电示位标、艇用双向甚高频无线电话及现金等。

⑤各艇筏负责人在做好救生艇筏的降放准备后报告船长，船长应立即通知值班人员撤离至救生艇筏登乘甲板，登艇筏前检查清点人数。

⑥根据船长命令放下救生艇筏，船员穿着救生衣有序登乘艇筏，确认全体人员登艇后，由船长下令救生艇筏驶离大船。

2. 弃船后须知

①如条件许可，救生艇应尽可能保持在大船附近的安全距离内漂航，并打开卫星紧急无线电示位标以便其他船舶或飞机搜寻，同时观察大船情况，并做好记录。

②救生艇筏上应安排人员值班瞭望，发现有船经过，应施放火箭、焰火、烟雾、信号灯等信号求救，白天还可以用日光反射镜向船舶、飞机求救。

③注意控制淡水和食品消耗，定量配给，不得饮用海水。

④将弃船经过记入《航海日志》。

四、人落水应急行动

1. 发现人落水时的行动要点

①当发现有人落水时，发现者应立即向落水者海面投放救生圈（夜间应投放带自亮浮灯的救生圈或白天有黄烟的救生圈），但切勿抛在落水人员头上。

②航行中发现有人落水时应立即停车，向落水者一舷快速操满舵，并派人到高处瞭望落水人员。

③值班驾驶员立即按下 GPS 上"MAN OVERBOARD"（人落水）键，以记录出事地点，便于搜录经纬度。

④立即发出人落水警报，按应变部署表实施救人行动。

2. 搜救落水者的操船方法

①在雾天或夜间视线不良时，大船一般采取反转掉头法，即威廉森旋回法：发现人落水，应即向落水者一舷操满舵，越过落水者后加速，待船首向

离开原航向 60°时回舵，并向相反舷操满舵，至船首向进入原航向的相反方向时，维持直进。这样可以较容易地返回到落水者的位置上。

②在白天视线良好时，大船可以采取以下掉头法：

a. 两次掉头法（连转两个 180°）：发现有人落水，应即向落水者一舷操满舵，待船首向转至与原航向相反的方向时，维持直进。当落水者至正横后约 30°时，再用满舵向落水者掉头，适当减速停车。

b. 一次掉头法：发现有人落水，再直航 30～60s，然后向落水者一舷操满舵、快开车掉头。当船首向落水者时，再减速接近落水者。此法接近落水者最快。

五、船体破损进水时的应急行动

1. 船体破损进水时行动要点

①发现船舶破洞进水，应立即发出堵漏警报召集船员，报告船长并通知机舱。

②有关船员听到警报信号后，按应急计划分工，携带规定携带的堵漏器材，迅速赶赴现场，做好堵漏准备。

③现场指挥船副率领堵漏队和隔离队的队长迅速查明破洞进水的舱室，观测进水舱室内水位变化情况，计算舱内进水速度，判断破洞的概位和面积，并立即报告船长确定施救方案。

④一经发现进水部位，应立即通知机舱组织一切排水设备进行排水，并应用车舵配合将漏损部位置于下风侧，以减少进水量。

⑤轮机长率领排水队使用所有水泵（包括便携式水泵）合力排水，并根据情况注入、排出和驳移压载水，尽可能保持船体平衡。

⑥计算总排水能力，判断能否自救。

⑦估算浮力和稳性，如果不足够时，视周围情况，考虑冲滩坐浅，避免沉船。

⑧检查与进水舱相邻的舱室，确认其无进水后，将其封闭。

⑨检查水线附近容易进水的舱口、门、窗，将其封闭。

⑩若船舶正在航行，应采取减速、停车、调整航向等手段，以减少水流和海浪对船体的冲击，扩大破洞。

2. 堵漏须知

①漏洞是小孔，可用软质木塞堵塞。

②发现裂缝，用木楔堵塞。

③中型破洞，可用木塞堵孔。若木塞无效，可用棉被、毡、枕头等堵洞，再用木板等压上，然后再加压支撑。

④大型破洞，利用水泵很难控制进水量时，除用棉被、毡、枕头等堵漏外，可在船外洞口放置堵漏罩或床垫。

⑤漏洞堵塞后，必要时用水泥加固。

⑥若进水严重或情况紧急，船长应请求第三方援助。

六、防反海盗的应急行动

1. 防海盗应急须知

（1）海盗攻击的特点

①海盗攻击的时间一般在下半夜（即 01：00—06：00）。

②海盗攻击的目标一般是满载状态或干舷较低、戒备松懈的船舶。

③海盗登船后的目标大多是驾驶室。

④海盗攻击时，通常以一艘或多艘快艇靠近大船，用带钩的绳索登船，登船地点通常选在船尾或干舷低的舷侧。

（2）防海盗基本原则

①采用一切手段及早发现可疑船舶，并采用一切手段（灯光、警报器等）警告他们已被发现。

②采用一切手段阻止海盗登船。

③如海盗或暴力分子已登船，应尽一切办法保证船员安全，对武装的匪徒，应放弃与之对峙，即使有武器也不要发给船员。

④尽量避免与海盗发生冲突，不伤害其性命，特殊情况区别对待。

⑤尽一切办法将遇海盗袭击的信息向外发报。

⑥尽一切办法将人员、财产损失降到最低限度。

（3）防海盗一般措施

①船舶航行于海盗活动频发海域，应提高警惕，增设防海盗班，加强夜间值班、巡逻，保持24h不间断瞭望。

②进入海盗多发区前，应从内部封闭通道，只留一至两个工作通道，以便于在船员退入后可以尽快地封闭全部对外通道。外部楼梯可事先做拆卸准备。

③驾驶台要指定专人负责雷达观测、瞭望试图接近的小艇和渔船。

④船员经常在甲板显眼处巡逻，以便使海盗船发现船舶已处于戒备状态。

⑤封闭主甲板和后甲板通往生活区的通道，建立安全区，以便有大批海盗登船时，船员可以撤至安全区。

⑥在不影响本船和他船安全航行的情况下，增设后甲板和舷外照明灯。

⑦甲板水龙带处于随时可用状态，并备妥砍断缆绳的太平斧。

⑧将易被盗走的物品、设备等移至安全处所，减少损失。

2. 发现海盗时的应急措施

①若海盗船向本船逼近，可启动船舶保安报警系统，并使用一切通信手段向船东和中国海上搜救中心报告，也可按照其他联系渠道报警求助。

②海盗已逼近本船并企图强行登船时，应操作水龙带对海盗船射水，并立即鸣放警报信号，打开全船扩音系统。

③船长在驾驶台，船副到甲板指挥，轮机长到机舱。

④全体船员按部署就位，使用水龙或其他器械与其周旋，开消防水扫射，船长操作船舶频繁变速变向，也可操作船首对着来船，拉响汽笛制造声势，探照灯照射锁定来船，电网通电并通知船员，相应器械及器具可视当时情况开始使用，抵抗海盗登船。

⑤如有可能，驾驶船舶驶往多国海军舰艇巡航区域，也应立即向船东和中国海上搜救中心报告，视情况报告就近港口主管机关或海上搜救中心，向海岸和附近船舶报警。

⑥当发现不明船只尾随、堵截、傍靠强行攀登，应认为是面临海盗入侵或劫船，应立即通知船长；全体船员迅速集合，按《防海盗应急计划》的安排采取应急行动。

⑦船长努力控制局面，关闭船舶自动识别系统（AIS），加速船舶航行，驶向外海，设法阻止海盗登船。

⑧当海盗正在用带钩绳索攀登船时，用太平斧砍断其绳索。

3. 海盗登船后的应急措施

①船员应退入居所并封闭所有对外通道，凭借居所与海盗对抗，拖延时间等待外援。

②应设法将海盗驱赶下船，视其所携带凶器性质及登船海盗人数，尽力控制不使海盗进入驾驶台或机舱，如可能设法将其擒获。

③将船员撤至安全区，用棍、棒、刀具、太平斧等作为防护器材，必要

时可启用应急信号弹、降落伞火箭、抛绳枪等设备作为防护武器。

④向就近的港口主管机关报告，寻求援助。

⑤在有联合海军军舰护航的海域，可用 VHF16/10 频道向军舰报告，寻求救助。

4. 船舶被劫持时的应急行动

①所有船员都要保持平静，除非生命受到明显威胁才进行抵抗。

②按照海事惯例确保人员和船舶的安全。

③如有可能，船长、船舶保安员或其他人员应启动船舶保安报警系统。

④提供合理合作，努力与劫船者建立合理的关系。

⑤努力确定劫船者人数。

⑥设法了解劫船者的要求以及可能的期限。

⑦如有条件，使用可靠通信设备供谈判人员与劫船者谈话。

⑧除当局有指令外，船长和船员不应试图与劫船者谈判。

⑨如劫船者的意图是以本船作为攻击武器，应设法使本船处于暂时不可操纵状态；如启动应急速闭阀或砸掉主副机启动压缩空气瓶安全阀。必要时，可以用误操作方式破坏动力设备。

⑩如获释，应向救助协调中心、船旗国主管机关和船东报告，报告内容包括船名、国籍和受劫持位置、人员伤亡或物质损失情况，并对袭击者进行描述。

思考题

1. 船舶应变部署表编制原则是什么？

2. 船舶应变部署表主要包括哪些内容？

3. 船舶应急警报信号的种类有哪些？

4. 应急演习的目的是什么？

5. 消防演习包括哪些内容？

6. 弃船演习包括哪些内容？

7. 人落水演习包括哪些内容？

8. 油污应急演习包括哪些内容？

9. 保护人员安全的行动是什么？

10. 弃船时的应急行动程序要点是什么？

11. 发现人落水时的行动要点是什么？

12. 海盗攻击的特点是什么？

13. 防海盗基本原则是什么？